米制品生产

MIZHIPIN
SHENGCHAN

高海燕 任雪娇 刘 政 主编

化学工业出版社
·北京·

内容简介

　　米制品是以大米为原料加工而成，品种繁多，深受消费者喜爱。本书主要介绍米饼、米酒、米制蒸制糕点、米制油炸糕点、米粉五大类米制品的生产，涉及膨化米果、锅巴、善酿酒、沉缸酒、云片糕、年糕、驴打滚、粽子、寿司、麻团、炸糕、米粉等品种。书中介绍了一些品种的原料配方、工艺流程、操作要点和主要设备，方便读者掌握技术细节。本书内容精练简洁，实用性强。

　　本书可作为米制食品加工企业技术管理人员的参考用书，也可供食品、烹饪相关专业师生阅读。

图书在版编目（CIP）数据

　　米制品生产/高海燕，任雪娇，刘政主编. —北京：化学工业出版社，2022.1（2024.4重印）

　　ISBN 978-7-122-40111-3

　　Ⅰ．①米…　Ⅱ．①高…②任…③刘…　Ⅲ．①稻米制食品-食品加工　Ⅳ．①TS213.3

　　中国版本图书馆 CIP 数据核字（2021）第 210885 号

责任编辑：彭爱铭　　　　　　　　　　装帧设计：张　辉
责任校对：刘　颖

出版发行：化学工业出版社（北京市东城区青年湖南街 13 号　邮政编码 100011）
印　　装：北京天宇星印刷厂
850mm×1168mm　1/32　印张 5¾　字数 149 千字
2024 年 4 月北京第 1 版第 3 次印刷

购书咨询：010-64518888　　　　　售后服务：010-64518899
网　　址：http://www.cip.com.cn
凡购买本书，如有缺损质量问题，本社销售中心负责调换。

定　　价：49.00 元　　　　　　　　　版权所有　违者必究

前　言

　　大米又称稻米，可分为籼米、粳米、糯米三种，是我国南方地区居民的主食。大米除了直接食用外，还可以通过深加工生产各式各样的米制品，比如米粉、米饼、米酒、米糕、麻团、汤圆、粽子、元宵、米醋、米乳饮料、淀粉糖、大米蛋白肽等。大米深加工既可以提升产品的附加值，增加经济效益，又可以满足居民的消费需求。随着中国城镇化进程的加快和生活水平的提高，城市消费结构发生改变，人们直接食用大米有减少的趋势，米制品的消费量将越来越多。因此，以大米为原料的米制食品生产前景十分广阔。

　　为了适应这种变化和需求，促进米制品生产技术的传播和产品推广，我们组织编写了本书。本书在编写的过程中吸纳了相关书籍之所长，并结合实践教学经验，将传统工艺与现代加工技术相结合，内容全面具体，条理清楚，可操作性强，具有良好的实用性。本书可以作为米制食品加工企业工程技术人员的学习资料，也可作为高校食品相关专业教学的参考用书。

　　本书由河南科技学院高海燕和锦州医科大学任雪娇、刘政主编。其中高海燕主要负责前言和全书内容设计及统稿工作；任雪娇主要负责第 1 章和第 2 章的编写工作；刘政主要负责第 3 章和第 4 章和第 5 章编写工作；河南科技学院娄文娟主要负责第 3 章第 5 节寿司和第 4 章第 2 节麻团的编写工作。编写过程中参考了相关文献和资料，在此向原作者表示感谢。

　　由于编者水平有限，书中难免有疏漏和不足之处，恳请读者批评指正。

编　者

2021 年 9 月

目 录

第一章　米饼生产

第一节　脆片膨化类

一、蒜力酥

蒜是日常生活中很好的调味品，不仅含有钙、磷、铁、维生素等营养物质，而且有解毒、防病的功效。但它有一种特殊的刺激性气味，是有些人接受不了的，特别是儿童。将蒜粉与大米粉等原料混合，做成空心豆，再裹一层巧克力外衣，就大大减弱了蒜的味道，使儿童在吃零食的同时吃了蒜，从而起到防病、解毒的作用。

1. 原料配方

（1）复合粉　大米粉 30％，淀粉 10％，面粉 15％，白砂糖粉 30％，蒜粉 15％。

（2）调味液　以糖液计（白砂糖∶水＝1∶1），姜粉 1.5％，辣椒粉 0.5％，五香粉 15％，胡椒粉 0.5％，盐 1.5％，苏打 4％。

（3）巧克力酱　可可粉 8％，全脂奶粉 15％，代可可脂 33％，白砂糖粉 44％，香兰素适量，卵磷脂适量。

（4）抛光剂　高糊精糖浆、阿拉伯树胶液、虫胶酒精溶液各适量。

2. 工艺流程

爆米花→成型→半成品→烘烤→裹巧克力外衣→抛圆→静置→抛光→上光→成品

3. 操作要点

（1）调味液的配制　将1份清水、1份白糖放入锅内化开，再加入定量的姜粉、五香粉、辣椒粉、盐等原料，加热至沸，熬煮5min。加入胡椒粉搅拌均匀，然后离火使调味液温度降到室温，倒入苏打水，不断搅拌至混合均匀。苏打水的配制是用少许水溶解所需的苏打。

（2）复合粉的调配　在拌粉桶中或其他容器中放入一半配料的面粉、白砂糖粉、大米粉，加入全部淀粉、蒜粉，先搅拌均匀，然后加剩余的面粉、白砂糖粉及大米粉，搅拌均匀。并将其膨化成爆米花。

（3）成型　将爆米花倒入糖衣机内，开机转动，加入调味液少许，使其汁细而均匀地浇在爆米花上，直至表面都涂盖上一层调味液为止。然后再薄薄撒一层复合粉，使其表面附上一层面粉，转动2～3min后，浇第二次调味液，随之一层复合粉、一层调味液交替加入，到复合粉用完为止。一般6～8次复合粉加完，糖衣机再转动几分钟，裹实摇圆便可出锅，整个成型操作控制在30～40min内完成。出锅静置30～40min。

（4）烘烤　将摇圆的成品放入烤炉中。烘烤过程中要防止温度过高而烤焦。

（5）制巧克力酱　先将代可可脂在37℃的水浴锅中加热熔化，待完全熔化后拌入白砂糖粉、可可粉、全脂奶粉，充分混合后用胶体磨进行精磨。精磨后加入卵磷脂和香料，然后进行24～72h的精炼。精炼后将温度先降至35～40℃，保温一段时间后再进行调温。调温分三个阶段：第一阶段从40℃冷却到29℃。第二阶段从29℃冷却到27℃，第三阶段从27℃升温到29℃或30℃。经过调温后的巧克力酱应立即用于裹巧克力外衣。

（6）裹巧克力外衣　将烘好的空心豆放入糖衣机中，把 1/3 的巧克力酱倒入其中，摇匀后再将剩余的巧克力酱分两次放入，糖衣机再转动几分钟，直至摇圆。若采用荸荠式糖衣机上酱，需利用喷枪装置。在一定的压力和气流下，将巧克力酱料喷涂到烤过的空心豆上，酱料温度应控制在 32℃ 左右，冷风温度为 10～13℃，相对湿度为 55%，风速不低于 2m/s。这样才能使涂覆在空心豆表面的巧克力酱料不断地得到冷却和凝固。

（7）抛圆、静置　将上好酱的产品移至干净的荸荠式糖衣机内进行抛圆，去掉凹凸不平的表面。这不需要冷风配合。将达到抛圆效果的半成品在 12℃ 左右的室温下贮放 1～2 天，使巧克力中的脂肪结晶更趋稳定，从而提高巧克力的硬度，增加抛光时的光亮度。

（8）抛光　将硬化的巧克力产品，放入有冷风配合的荸荠式糖衣机内，滚动时先加入高糊精糖浆，对半成品进行涂布。待其干燥后表面就形成了薄膜层。经冷风吹拂和不断滚动、摩擦，表面逐渐产生光亮。当半成品的表面达到一定的光亮度后，可再加入适量的阿拉伯树胶液，以使抛光巧克力表面再形成一层薄膜层，使表面更光亮。

（9）上光　将经过抛光的巧克力放入荸荠式糖衣机内不断滚动，加入一定浓度的虫胶酒精溶液，进行上光。选用虫胶酒精溶液作为上光剂，是因为当它均匀地涂布在产品的表面并经过干燥后，能形成一层均匀的薄膜，从而保护抛光巧克力表面的光亮度，使其不受外界气候条件的影响，不会在短时间内退光。同时经过不断的滚动和摩擦，虫胶保护层本身也会显现出良好的光泽，从而增强了整个抛光巧克力的表面光亮度。上光时，要在冷风的配合下，将虫胶酒精溶液分数次均匀地洒在滚动的半成品表面，直至滚动、摩擦出满意的光亮度为止，即为蒜力酥成品。

二、谷粒素

谷粒素是几种谷物混合膨化后制成的一种小食品，外涂裹一层均匀的巧克力，经抛光后，谷粒素具有光亮的外形，宜人的巧克力奶香味，入口松脆，甜而不腻，营养丰富，很受消费者特别是儿童的喜爱。

1. 原料配方

（1）谷粒配方　大米50%，小米30%，玉米20%。

（2）巧克力酱料配方　可可液块12%，可可脂30%，全脂奶粉13%，白糖粉45%，卵磷脂适量，香兰素适量。

（3）糖液配方　白糖1kg，水5kg，蜂蜜0.1kg，奶粉0.5kg。

（4）抛光剂　水100mL，树胶40g，虫胶10g，无水酒精80mL。抛光剂一般可按总量的0.1%～0.2%添加。

2. 工艺流程

大米、玉米、小米→精选除杂→混合粉碎→膨化制粒→上衣→成圆→静置→抛光→包装→成品

3. 操作要点

（1）膨化制粒　将精选除杂后的大米、小米、玉米按配比混合后粉碎，膨化成直径1cm左右的小球。

（2）上衣料配制

① 化料　将可可脂在40℃左右熔化，然后加入可可液块、全脂奶粉、白糖粉，搅拌均匀。酱料的温度最好控制在60℃以内。

② 精磨　巧克力酱料用胶体磨连续精磨2～3h，其间温度应恒定在40～50℃。酱料含水量不超过1%，平均细度达到20pm为宜。

③ 精炼　精磨后的巧克力酱料还要经过精炼，精炼时间为24h左右，精炼温度控制在46～50℃较好。在精炼即将结束时，添加香兰素和卵磷脂，然后将酱料移入保温缸内。保温缸温度应控制在40～50℃。

④ 制糖液　按1kg糖，加5kg水，0.1kg蜂蜜，0.5kg牛奶调匀溶化。

（3）上衣　先将谷粒小球按糖衣锅生产能力的1/3量倒入锅内；开动糖衣锅的同时开启冷风，将糖液以细流浇在膨化球上，使

膨化球均匀裹一层糖液。待表面糖液干燥后，加入巧克力酱料，每次加入量不宜太多，待第一次加入的巧克力酱料冷却且起结晶后，再加入下一次料，如此反复循环，小球外表的巧克力酱料一层层加厚，直至所需厚度，一般2mm左右。谷粒小球与巧克力酱料的重量比为1:3左右。

（4）成圆　成圆操作在上衣锅内进行，通过摩擦作用对谷粒素表面凹凸不平之处进行修整，直到呈圆形为止。然后取出，静置数小时，以使巧克力内部结构稳定，然后再上光。

（5）抛光　上光时，一般先倒入虫胶，后倒入树胶，开动抛光机开始上光，球体外壳达到工艺要求的亮度时，便可取出，剔除不合格产品即可包装。操作时，要注意锅内温度，并不断搅动，必要时开启热风，以加快抛光剂的挥发。

三、大米脆片

1. 原料配方

以淀粉100%计，粳米90%，色拉油10%，酱油5%，糖5%，盐1%，味精0.1%，辣椒酱5%，番茄酱5%。

2. 工艺流程

原料→精选→磨粉→混合（淀粉、糖、盐）→糊化→整形→冷却→切片→干燥→油炸→上味→离心脱油→冷却→真空包装→成品

3. 操作要点

（1）混合　粳米与淀粉按9:10混合，先用糖水将淀粉溶解，再加米粉掺和，混合要均匀，水用量为混合均匀后表面还渗有一薄层水分为准。

（2）糊化　用蒸汽加热，糊化时间30min。为使糊化程度一致，应尽量使混合物摊开，受热面积增大。

（3）整形　糊化后要趁热整形，一般搓成圆形或其他形状。

（4）冷却　整形后放置在0℃左右下冷却。

（5）干燥　将切好形状的半成品干燥，时间10h，温度（70±

5)℃，至透明为止。

（6）油炸　在真空油炸锅中进行，温度 160～170℃，时间 1～2min。

（7）离心脱油　油炸后立即放入离心脱油机中脱油。

（8）冷却　油炸后的脆片经冷风冷却，冷风水分含量要低。

（9）包装　以不透气、不透水的密闭容器或塑料袋在真空包装机内包装。

四、小米薄酥脆

1. 原料配方

小米熟料 1000kg，白糖 7kg，玉米淀粉 8kg，柠檬酸 1.5kg，苦荞麦 2kg，盐 18kg，氢化脂（起酥剂）2.5kg，牛肉精 7kg，二甲基吡嗪（增香剂）0.25kg，虾粉 7kg，没食子酸丙酯（抗氧化剂）2.5kg，苦味素 0.5kg，辣椒粉 59.5kg，五香粉 0.35kg，花椒粉 45.5kg。

2. 工艺流程

选料→清洗→蒸煮→增黏→调味→压花切片→油炸→包装→成品

3. 操作要点

（1）选料、清洗　对原料进行清洗。挑选出石块、草梗、谷壳后，利用清水冲洗干净。

（2）蒸煮　将清洗干净的小米，以原料与水重量之比为 1∶4 的比例加水蒸煮。在压力锅内以 0.15～0.16MPa 的压力蒸煮 15～20min。

（3）增黏　在熟化好的小米中加入复合淀粉混合均匀。熟化小米与复合淀粉重量之比为 100∶1。复合淀粉是玉米淀粉和苦荞麦粉组成，其重量比为 4∶1。

（4）调味　将调味料按配方的比例配合，与熟化的小米、淀粉混合，搅拌均匀。

（5）压花切片　压花用的模具能使小米片压成厚度基本上维持在 1mm 以下，局部加筋。筋的厚度为 1.5mm，宽度为 1mm，筋的间隔为 6mm。小米薄片用切片机切成 26mm 见方的片状，两端边成锯齿形。

（6）油炸　一般使用棕榈油，也可以用花生油和菜籽油。当油加热到冒少量青烟时放入薄片，油温应控制在 190℃，炸制 4min 左右出锅。

（7）包装　待油炸好的小米薄酥脆冷却后，再用铝箔聚乙烯复合袋密封包装，即为成品。

五、膨化夹心米酥

膨化夹心米酥是利用先进的挤压膨化技术在单螺杆或双螺杆设备上，以大米、玉米为主料，纯奶油为介质，将蛋黄粉、奶粉、白糖粉、巧克力粉等原料进行稀释，配成夹心料，在膨化物挤出的同时将夹心料注入膨化谷物食品内，经过加工制成的一类夹心小食品。

1. 原料配方

大米 55%，玉米 10%，白糖粉 25%，蛋黄粉 2.5%，奶粉 2.5%，芝麻酱 2.5%，巧克力粉 2.5%，奶油适量，色拉油适量，调料适量。

2. 工艺流程

```
           玉米→精选除杂→粉碎过筛
                              ↓
大米→精选除杂→粉碎过筛→混合→挤压膨化与夹馅→整形→烘烤→
喷油、调味→包装→成品            ↑    芝麻酱、蛋黄
                 奶油→加热融化→混合←粉、巧克力粉、
                                    奶粉、白糖粉
```

3. 操作要点

（1）精选除杂　用去石机分别将大米、玉米的砂石等异物

除去。

（2）粉碎过筛　将除杂后的大米、玉米（玉米去皮）分别粉碎过 20 目网筛。

（3）混合　将大米粉和玉米粉按比例混合均匀，并使混合后的原料水分保持在 12%～14%。

（4）制馅料　奶油具有良好的稳定性及润滑性，并且能使产品具有较好的风味，因此，用奶油做夹心料载体较为理想。将纯奶油加热熔化，然后冷至 40℃左右，按比例加入各种经粉碎过 60 目筛的馅料，搅拌均匀。为保证产品质量，奶油添加应适量，保证物料稀释均匀，并且有良好的流动性。奶油应选用纯奶油，不能掺有水分。

（5）挤压膨化与夹馅　这是产品生产的关键工序，物料膨化的好坏直接影响最后的质感和口感。物料在挤压中经过高温（130～170℃）、高压（0.5～1MPa）成为流动性的凝胶状态，通过特殊设计的夹心模均匀稳定地挤出完成膨化，同时馅料通过夹心机挤压，经过夹心模均匀地注入膨化酥中，随膨化物料一同挤压出来，挤出时，物料水分降至 9%～10%。

（6）整形　夹馅后的膨化物料从模孔中挤出后，需经牵引至整形机，经两道成型辊压形后，由切刀切断成一定长度、粗细厚度均匀的膨化食品。此时物料冷却，水分降至 6%～8%。

（7）烘烤　烘烤的目的是为了提高产品的口感及保质期。通过烘烤可使部分馅料由生变熟，产生令人愉快的香味。烘烤后物料水分降至 2%～3%。

（8）喷油、调味　该工序是在滚筒中进行的，喷油是为了防止产品吸收水分，赋予产品一定的稳定性，延长保质期。喷洒调味料是为了改善口感和风味。随着滚筒的转动，物料从一头进入，从另一头出来。喷油是在物料进入滚筒时进行，通过翻滚搅拌，油料均匀涂在物料表面。物料通过滚筒中部时，加调味料，只滚动不搅拌，从滚筒中出来即为产品。调味料味道可根据需要添加，如咖喱味、麻辣味、奶油味等。

（9）包装　产品通过枕式包装机用聚乙烯塑料膜封口，要求密封、美观整齐。

六、大米膨化小食品

将豆渣粉、海带粉与大米、玉米按一定比例混合后，通过挤压膨化、切割、烘烤、调味等工艺过程，可生产出营养丰富、口感酥脆的膨化小吃食品。

1. 原料配方

以大米 100％计，玉米 50％，豆渣 10％，干海带 5％，棕榈油 10％，葡萄糖 2％，食盐 1％，酱油粉 1％，味精 0.5％。

2. 工艺流程

大米、玉米、豆渣、干海带预处理→混合→加湿→挤压膨化→切割成型→烘烤→喷油、调味→包装→成品

3. 操作要点

（1）豆渣脱水干燥　经压滤除去大部分水分后的新鲜豆渣，在隧道式烘干机中（热风温度 85℃左右）烘至含水量 15％左右，然后适度粉碎。

（2）海带粉的制备　将市售干海带除去泥沙和根部，洗净晒干或 70℃左右烘箱内烘干，粉碎，过 40 目筛。若直接购买海带粉，可省去此工序，但会增加成本。

（3）大米、玉米的处理　为适应单螺杆挤压膨化机对使用原料的要求，大米、玉米在膨化前要粉碎成过 40 目筛的小颗粒，玉米还应除去不易膨化的皮和胚芽。

（4）混合、加湿　在拌料桶内将豆渣、海带粉、大米、玉米按比例相混，食盐先溶解于调湿度的水中，然后掺入到混合料中，便于分散均匀。加水量的多少，应视气候变化及环境温湿度的不同而增减。混合物料的水分一般控制在 13％～18％，干燥及气温较高时，加水量可适当多一些；反之则少。

（5）挤压膨化　是整个工艺过程的关键，直接影响到最终产品

的质感和口感。配好的物料通过螺旋推进，连续、均匀地进入膨化机内，物料随螺杆向前推进并逐渐压缩，经强烈挤压、剪切及高温后，成为具有流动性的熔融状态，经模具口挤出到达常温常压状态，形成质构疏松的膨化食品。当挤压温度为150℃，挤压腔压力为2.5MPa，螺杆转速为600r/min时，膨化效果较为理想。

（6）切割成型　连续挤出的膨化物被切割机切成相应的条状，调节切刀转速，得到符合长度要求的膨化半成品。

（7）烘烤　刚膨化出来的半成品含水量较高，达8%左右，通过烘烤使水分含量低于5%，同时可产生一种特殊的香味，从而使产品品质提高，保质期延长。

（8）喷油、调味　将棕榈油加温至70℃左右，然后按比例加入葡萄糖、酱油粉及味精少量，不断搅拌使调味料均匀地悬浮在油中，在旋转式调味机中放入经烘烤的膨化半成品，将一定量的油调味料混合物均匀地撒在不断滚动的物料表面，搅拌5～8min，即得成品。

（9）包装　经调味后的膨化产品应尽快包装，以防止受潮，影响口感。包装材料为涂铝复合膜，采用立式充气自动包装机包装，充入洁净干燥氮气，封口应平整严密。

七、营养麦圈

1. 原料配方

大米粉51%，玉米粉12%，小米粉15%，糖粉12%，面粉5%，奶粉2%，全蛋粉1%，盐1%，油1%，香精适量。

2. 工艺流程

原料混合→膨化→冷却→包装→成品

3. 操作要点

（1）原料混合　将所有的粉料倒入搅拌机内，一边搅拌，一边将油雾化后，喷入粉料中。同时用少量水将香精溶化，然后喷入粉中，加水量愈少愈好，一般为1%左右。

（2）膨化　将混合好的物料送入膨化机中膨化，装料前应将机器预热。是整个工艺过程的关键，直接影响到最终产品的质感和口感。当挤压温度为170℃，挤压腔压力为4MPa，螺杆转速为800r/min时，膨化效果较为理想。

（3）包装　采用立式充气自动包装机包装。为防止受潮，保证酥脆，调味后的产品应立刻包装。包装材料采用涂铝复合膜，充入洁净干燥氮气，封口应平整严密。

八、大米营养膨化食品

1. 原料配方

大米55％，薏米30％，玉米10％，调味料5％。

2. 工艺流程

薏米→水洗→干燥→调质→混合、搅拌→膨化→调味→冷却→包装→成品

3. 操作要点

（1）调质　将碾白的带胚芽的薏米水洗，使其含水量达到20％～25％。然后放在干燥机中，用70～120℃的温度加热干燥30～60min，将水分含量降至12％～15％，这时薏米淀粉的 a 化度为10％～20％。将干燥后的薏米放在调质罐中。

（2）混合、搅拌　将调质薏米与大米、精制玉米混合，并添加适量的调味料，放在搅拌机中，搅拌均质后投到膨化机中。经加热、挤压膨化处理，各种原料中所含的淀粉完全 a 化。然后根据需要加工成颗粒状或棒状。

（3）膨化　薏米淀粉的颗粒比大米淀粉颗粒大2倍，而且带黏性。因此薏米淀粉开始 a 化时的温度与最高 a 化时的温度比大米高。如果将薏米与大米、玉米放在同一条件下膨化处理，薏米淀粉不能完全 a 化，膨化后组织粗糙，不易消化。预先将薏米加热、调质，使薏米淀粉的 a 化度达到10％～20％，然后再与大米、玉米、调味料混合，挤压膨化后，薏米淀粉便能完全 a 化。

（4）调味　使用的调味料有食用油脂、白砂糖、食盐、酱油、虾、咖喱、洋葱、蒜等。将不同的调味料配合，可得到不同的风味。

（5）包装　冷却后包装即为成品。

九、米豆休闲膨化食品

1. 原料配方

大米 24％，大豆 24％，木薯淀粉 50％，花椒 2％。

2. 工艺流程

新鲜大豆→分选→烘干→磨粉→原料配比→调面团→成型→蒸煮（预糊化）→冷却老化→切片→预干燥→油炸膨化→真空包装→成品

3. 操作要点

（1）分选　挑选粒大饱满、颜色金黄大豆，去除杂质。

（2）烘干　大豆放置干净的托盘中，在烘箱中 50℃ 条件下，保持 5～6h。烘干多余水分为磨粉创造条件。

（3）磨粉　用多功能粉碎机将烘干的大豆粉碎成豆粉，同时将大米和花椒磨成粉。

（4）原料配比　将豆粉、米粉、木薯淀粉和调味料进行不同的配比。

（5）调面团、成型　把混合均匀的原料放入干净容器中，加水（26％～38％）后不断搅拌，直至形成软硬适中的面团。面团中水分分布均匀，无粉团。将调好的面团制成切面边长 2.5～3cm 的正方形或 2.5cm×3cm 的长方形，长短适中的棱柱形。注意面条必须压紧搓实，将空气赶走，直至切面无气孔为止。

（6）蒸煮（预糊化）、冷却老化、切片　成型后的面团进行蒸煮，使其充分预糊化；蒸煮后迅速放置冰柜中冷却老化；把面条从冰柜中取出，室温解冻，切片厚度 2mm 左右。2mm 厚的薄片在油炸时可迅速浮起，质地松脆，膨化度较高；片过薄，加工难度较大，油炸时也易焦化；片过厚，油炸时均匀性较差，往往是外脆而内有硬心，膨化度也低。

（7）油炸膨化 干片预干燥后，准备好油炸锅加入适量的色拉油，在油达到一定温度时进行油炸。

（8）真空包装 用复合膜包装后，抽真空封装，可以有效防止产品油脂氧化。

十、全膨化天然虾味脆条

1. 原料配方

大米 52%，玉米 16%，植物油 15%，虾粉 8.5%，葡萄糖 7%，食盐 1.5%，调味料适量。

2. 工艺流程

原料精选→粉碎→加水拌料→挤压膨化→切割成型→烘烤→喷油、调味→包装→成品

3. 操作要点

（1）原料精选、粉碎 大米（粳米）、玉米无虫蛀霉变，玉米在粉碎前先除去不易膨化的皮和胚芽；虾头要保持新鲜，将刚取下的虾头、壳除杂洗净，及时烘干，否则虾头的内容物会大量流失，并且易受细菌污染，使虾头变黑发臭而影响产品质量。烘干后的虾头、壳粉碎至 80～100 目大小。

（2）加水拌料 在加湿机中将大米、玉米、虾粉按比例混拌匀，食盐应先溶解于调湿度的水中然后掺入到混合料中，便于分散均匀。加水量的多少应视气候变化、环境温度、湿度的不同而增减，混合后的物料水分一般控制在 13%～18%，干燥及气温较高时，加水量可适当多些；反之则少。

（3）挤压膨化 是整个工艺过程的关键，直接影响到最终产品的质感和口感。当挤压温度为 170℃，挤压腔压力为 4MPa，螺杆转速为 800r/min 时，膨化效果较为理想。

（4）切割成型 膨化物料从模孔挤出后，立即通过输送机牵引

至切割机切成相应的条状，调节切刀转速，得到符合长度要求的膨化虾味脆条半成品。

（5）烘烤　膨化后的半成品水分较高，需经过带式输送机进入隧道式烤炉作出进一步干燥，使水分控制在 5%，延长保质期，同时烘烤后产生一种特有香味，提高品质。

（6）调味　在旋转式调味机中进行。将植物油加温至 70℃左右，通过雾状喷头使油均匀地喷洒在随调味机旋转而滚动的物料表面。喷油的目的一是为了改善口感，二是使物料容易沾上调味料。随后喷撒调味料，经装有螺杆推进器的喷粉机将粉末状复合调味料均匀撒在不断滚动的物料表面，即得成品。

（7）包装　采用立式充气自动包装机包装。为防止受潮，保证酥脆，调味后的产品应即刻包装。包装材料采用涂铝复合膜，充入洁净干燥氮气，封口应平整严密。

第二节　米果膨化类

一、雪枣米果

1. 原料配方

（1）坯料　糯米粉 40kg，芋头浆 3～4kg，水 8kg。

（2）糖浆料　白砂糖 25kg，饴糖 1.5～2.5kg。

（3）拌面料　白砂糖 25kg，饴糖 0.5kg，熟淀粉 2.5kg。

2. 工艺流程

芋头→制芋浆

糯米→浸泡→磨粉→蒸粉→制粉团→制坯→炸制→挂浆→包装→成品

3. 操作要点

（1）浸泡　选用一号糯米，淘净后浸泡 16～24h，盛于箩筐内沥干水分，待碾。

（2）**磨粉**　浸好的糯米碾成不低于 120 目的细粉。

（3）**制芋浆**　选择无溃烂、无霉变的优质干净芋头，刮去表层，加适量水磨成细浆。

（4）**蒸粉**　先将磨好的糯米粉放在台案上，中间弄成圆窝，以每 1kg 粉加 0.2kg 水为比例，用沸水烫粉，并搅拌均匀，调整成适宜的面团。笼屉上铺好布，粉团摊在笼屉内，上锅，旺火蒸制，一直蒸到粉团摊散，熟透为止。

（5）**制粉团**　将热粉团放在搅拌机中搅打，待粉团冷却至40℃左右时，下芋浆，每 1kg 粉放芋浆 100g 左右，搅拌至不出现白点即可。

（6）**制坯**　将搅打均匀的粉团放置在台案上，摊开擀成厚约1cm 的皮子，再切割成长 6cm、宽 1cm 的小块，置烘箱内，用40℃间隔烘干，或放在阴凉通风处，晾晒 8～10 天。至七成干时，装入麻袋内回软 4～5 天，最后把坯子摊放在蒲包上阴干，待坯子全部晾干后，妥善保管。

（7）**炸制**　将干坯放入温油锅中，浸泡。干坯在温油锅中缓缓软化，然后陆续添加热油，当干坯呈橡皮状，捞出备炸。在干坯软化的同时，另一油锅已加热至 200℃，这时可每次取软坯 1kg 置温油锅内，一人操持两支小铁勺，交叉搅拌，另一人用大铁瓢舀取热油，慢慢沿锅边浇下，锅内软坯因加热逐渐膨胀，一直膨胀成圆筒形，再用热油急泼几次，使其表皮变硬，最后捞到热油锅中。由于坯子浮力大，须用笊篱将坯子往下压，使其两面均匀受热。待坯子上色酥脆时，即可捞出。炸制过程中应注意：坯子在温油锅内不能停留过长，热油加入要缓慢，否则坯子内部膨发过快，表面爆裂。如果热油加入过慢，会因油温低不能膨发。

（8）**挂浆**　取白砂糖 25kg，水 7.5kg，溶化煮沸后再放入饴糖 1.5～2.5kg，熬至 115℃，加入熟坯挂浆。另取白砂糖 25kg，饴糖 0.5kg，熟淀粉 2.5kg，开水适量，调成饴糖浓度 2%，熟淀粉 10%，搅拌均匀后，投入挂好浆的熟坯，使其表面粘满霜即为成品。

（9）包装　用复合膜包装后，抽真空封装，可以有效防止产品油脂氧化。

二、牛肉米果

1. 原料配方

（1）米果　粳米粉 60kg，土豆淀粉 3kg，小麦淀粉 1kg，变性淀粉 0.3kg，蔗糖 1kg，食用盐 0.2kg，牛肉调味料 0.2kg，水 8kg。

（2）米果表面调味粉　蔗糖粉 25kg，HVP（水解植物蛋白）8kg，香料 8kg，蔬菜粉 8kg，牛油 2kg，牛肉粉（F4076）18kg，食盐 12kg，味精 12kg，I＋G（5′-肌苷酸钠＋5′-鸟苷酸钠）0.5kg，糊精 6kg，牛肉香精 0.5kg。

2. 工艺流程

粳米→浸泡→制粉→配料→蒸煮→揉面→成型→干燥→调质老化→二次干燥→焙烤→淋油→喷调味粉→包装→成品

3. 操作要点

牛肉米果的制作方式与前述雪枣米果制作方法基本相同，米果表面调味粉的用量为米果质量的 5%～8%，要求调粉均匀。

三、海苔烧米果

1. 原料及配方

（1）米果　糯米 100kg，糖粉 1kg，食盐 0.5kg，变性淀粉 0.3kg，味精 0.5kg，酶解肉粉 1.0kg。

（2）米果表面海苔调味粉　海苔精粉 60kg，α-淀粉 5kg，糖粉 15kg，食盐 10kg，味精 10kg。

2. 工艺流程

糯米→水洗→浸泡→沥水→蒸煮→配料→捣制→整形→低温冷

置→切片→干燥→焙烤→喷调味粉→包装→成品

3. 操作要点

（1）水洗、浸泡　将糯米洗净，在常温下浸泡 10～12h，沥干，此时水分约为 33%。

（2）蒸煮　将浸泡好的米在常压下蒸煮 20min 左右，或者在高温高压下蒸煮 7～8min。

（3）配料、捣制　蒸熟的糯米饭冷却 2～3min 后，用捣碎机捣碾成米饼粉团。同时，加入食盐、味精等辅料使调味均匀。当捣碾至米饭小粒与米饭糊状物的比例为 1∶1 时，可以得到最佳的米果坯。

（4）整形　米果粉团捣成后，进入揉捏机中揉捏，并放入箱中整理成棒状或板状，然后连箱一起放入冷库中冷却至 2～5℃，再于 0～5℃的冷藏库中放置 2～3 天，使其硬化。

（5）切片　硬化后的棒状饼坯用饼坯切割机切成所需形状并整形（米果坯的厚度一般为 1.6～1.8mm），再放入通风干燥机中干燥到饼坯含水量降为 18%～20%。

（6）焙烤　饼坯焙烤时的温度控制在 200～260℃，焙烤后饼坯的水分含量为 3%。

（7）喷调味粉　一般采用表面喷油着粉调味，喷油量为 8%～10%，着粉量为 5%～8%。另外也可采用海苔调味液调味，然后干燥为成品。

四、椰奶香米果

1. 原料配方

（1）米果　粳米粉 3kg，土豆淀粉 150g，小麦淀粉 50g，蔗糖 50g，变性淀粉 15g，食用盐 15g，乳清粉 10g，水 400g。

（2）糖霜浆料　蔗糖粉 3kg，葡萄糖粉 150g，椰蓉粉 50g，柠檬酸 30g，奶粉 25g，蛋黄粉 25g，椰子香精 15g，奶香精 5g，明胶水 15g。

2. 工艺流程

粳米→浸泡→制粉→制坯→成型→干燥→调质老化→二次干燥→焙烤→淋油→喷糖霜→干燥→包装

3. 操作要点

（1）浸泡制粉　粳米浸泡 8h 左右再制粉，粳米粉粒度为 80～100 目，水分大约 33％。

（2）制坯　将制坯原料按上述配方称重后投入蒸炼机中，在 110℃下蒸煮 8～10min，挤出、冷却、揉炼 3 次，再成型，在 70～90℃条件下干燥至水分为 18％～20％的坯。

（3）调质老化　将坯在室温下静置老化 24h，再进行第二次干燥，干燥温度 70℃左右，干燥后坯的水分为 10％～12％。

（4）焙烤　二次干燥后的坯密闭放置 30～45min 后，进入焙烤炉中烘烤，温度 200～260℃，时间 5～6min。

（5）喷糖霜　将明胶水（60℃）倒入搅拌机中，再分别加入配方中的其他原料，搅拌均匀。糖霜的喷洒量为米果坯重量的 18％～20％。

五、黑芝麻米果

1. 原料配方

（1）米果　粳米粉 10kg，变性淀粉 60kg，蔗糖 160g，水 1000g，土豆淀粉 600g，黑芝麻 500g，食用盐 60g。

（2）调味粉　炒芝麻粉 2kg，葡萄糖粉 2kg，白砂糖 6kg，味精 100g，奶粉 60g，食用盐 800g，芝麻香精 60g，水解植物蛋白 500g。

2. 工艺流程

粳米→浸泡→制粉→制坯→成型→干燥→调质老化→二次干燥→焙烤→淋油→喷调味粉→包装

3. 操作要点

（1）制坯　将原料按上述配方称重后投入蒸炼机中，在 110℃

下蒸煮 8～10min，挤出、冷却、揉炼 3 次，再成型，在 70～90℃条件下干燥至水分为 18%～20% 的坯。

（2）淋油、喷调味粉　调味淋油时温度以 70～80℃ 为宜，以调味粉调味，调味粉的重量约占饼重的 5%，着粉要均匀。

六、香酥甜米果

1. 原料配方

糯米 10kg，变性淀粉 30g，奶粉 150g，糖粉 150g，食盐 50g。

2. 工艺流程

糯米→水洗浸泡→沥水→蒸煮→配料捣制→整形→低温冷置→切片→干燥→喷糖浆→烘烤→包装

3. 操作要点

（1）制坯　将原料按上述配方称重后投入蒸炼机中，在 110℃下蒸煮 8～10min，挤出、冷却、揉炼 3 次，再成型，在 70～90℃条件下干燥至水分为 18%～20% 的坯。

（2）喷糖浆、烘烤　香酥甜米果调味时，先将 60% 的糖浆喷涂到米果坯料的表面，然后送入烘烤炉中烘烤，温度为 250～300℃，时间 10～30s。成品水分在 3% 以下。

七、海鲜膨化米果

1. 原料配方

大米 5.5kg，玉米 3.4kg，大豆 1.1kg，糖 1.3kg，海鲜鱼粉800g，食盐、香精各适量。

2. 工艺流程

原料处理→加调味料→混合→挤压膨化→切割成型→干燥→冷却→包装→成品

3. 操作要点

（1）原料处理　大米、大豆分别磨成细粉。玉米经脱皮机脱去外皮磨成细粉。

（2）加调味料、混合　按配方配比将原辅料进行充分搅拌混合，适量加水，使混合料总水分含量达 14%～22%。

（3）挤压膨化　将混合料送入喂料机，由喂料机送入物料进行挤压膨化。挤压温度为 160～180℃，物料在筒体内停留时间 8～12s。从模孔挤出的米果由旋转切割刀切成圆球状。膨化率达到 96%。

（4）干燥、冷却　挤出的膨化米果水分较高，需经热风干燥机干燥，干燥至水分 6%～8% 为止，然后迅速冷却。

（5）包装　用铝塑复合薄膜袋定量包装，即为成品。

八、油炸膨化米饼

1. 原料配方

糯米粉 50kg，面粉 60kg（其中调浆用 10kg），白砂糖 3.3kg，精盐 2.3kg，味精 0.2kg，水 58kg。

2. 工艺流程

打浆→调面团→搓条成型→包纱布蒸煮→冷却→老化→切片→预干燥→加热膨化→包装→成品

3. 操作要点

（1）打浆　调面粉浆，把调浆用的 10kg 面粉和 58kg 水混合，水浴加热，品温控制在 60～70℃ 之间，防止焦煳，搅拌至浆料呈均匀糊状为止。

（2）调面团　先将糯米粉、面粉、白砂糖、精盐、味精按比例混匀，然后趁热将准备好的浆料缓缓加入，进行调粉制面团。

（3）搓条成型　将调好的面团搓成直径为 5cm 左右、长短适中的圆柱条状，注意粉条必须压紧搓实，将空气赶走，直至切面无气孔为止。

（4）包纱布蒸煮　成型后的面团用纱布包好，常压蒸煮 40min，使面团充分糊化。

（5）冷却、老化　去除纱布，换用塑料薄膜包裹条状面团以防止水分散失，迅速放置于2～4℃冷却老化。

（6）预干燥　将恒温干燥箱的温度设定在55℃，米饼薄片放入后即进行鼓风干燥，干燥时间为6h。

（7）加热膨化　干燥后的制品用油炸（也可用焙烤）加热膨化。

（8）包装　膨化产品采用真空充氮气软包装。

九、巧克力膨化米果

1. 原料配方

以大米100％计，玉米100％，植物油40％，巧克力100％，奶油香精0.19％，糖10％。

2. 工艺流程

原料净化→原料配比→水分调节→膨化→涂膜→冷却→包装→成品

3. 操作要点

（1）原料净化　去掉原料中小石子、沙粒等杂质。

（2）原料配比与水分调节　原料配比与水分含量是影响膨化产品质量的主要因素。根据实验发现，原料中大米与玉米的比例为1:1，水分含量（湿基）为14％～16％时，膨化出的产品膨松度最好，口感也比较松脆。

（3）涂膜　产品的口味、外观主要取决于涂膜料的配比。涂膜料主要由巧克力、植物油、糖、香精混合而成。若要生产出口味好、外观又漂亮的产品，则必须应用合理配比的涂膜料。实际生产中对植物油和巧克力的用量必须严格控制。最佳的涂膜料配比是巧克力的用量比较多；但由于巧克力的价格偏贵，占成本的比例较高，故在实际生产中配制涂膜料时在不影响产品质量的条件下其用量应少些，通常涂膜料配比是取巧克力100g，香精0.19g，糖10g，植物油40g，即巧克力:香精:糖:植物油＝

1∶0.002∶0.1∶0.4。

（4）包装 涂巧克力膜后，采用立式充气自动包装机包装。包装材料采用涂铝复合膜，充入洁净干燥氮气，封口应平整严密。

十、巧克力夹心米果

1. 原料配方

（1）米果 大米粉1000g，玉米淀粉70g，玉米粉300g，食盐15g，糖粉70g，香精7g。

（2）巧克力酱料 可可粉100g，全脂奶粉50g，无水人造奶油600g，糖粉450g，大豆卵磷脂0.5g，巧克力香精0.1g。

2. 工艺流程

巧克力酱料制备
↓

原料制粉→混合→膨化成型→烘烤干燥→喷油→调味→成品包装

3. 操作要点

（1）原料制粉 大米洗净后粉碎，大米粉、糖粉粒度都在60目左右。

（2）混合 按米果的配方，将原料混合均匀并送入预处理加温加湿处理，水分调节至15%～16%。

（3）巧克力酱料制备 将无水人造奶油熔化，熔化温度控制在40℃以上，然后加入可可粉、全脂奶粉、糖粉搅拌均匀，温度控制在50℃左右。将混合料用胶体磨磨细，温度维持在40～50℃，同时加入巧克力香精及大豆卵磷脂。然后移入保温锅内储藏，储藏温度为40～50℃。

（4）膨化成型 采用双螺杆挤压机进行生产，装上夹心米果模头，将设备温度预热至160℃左右，然后，将米果预处理原料由喂料斗投入试机。当设备生产稳定后，打开夹心料输送管，开始输送夹心巧克力酱料，酱料的重量约占米果总重量的30%。

（5）烘烤干燥 将成型后的夹心米果料放入烘烤炉中烘烤，温度 80～120℃，时间 1～3min。

（6）喷油、调味　烘干后的米果送入双筒调味机中喷油、调味，喷油量约占米果的 10% 左右，调味粉约占米果的 5%。然后包装即为成品。

十一、强化钙、铁、锌膨化米果

1. 原料配方

以大米 100% 计，玉米 30%，变性淀粉（磷酸酯化淀粉）7%，品质改良剂（复合磷酸盐）0.5%，营养强化剂（钙、铁、锌的乳酸盐及磷酸氢钙）1%，植物油 8%～10%，乳化剂（单硬脂酸甘油酯）1%，调味料 1%。

2. 工艺流程

大米、玉米计量→适量粉碎→混合→调湿→挤压膨化→干燥→喷油→加调味料→包装→成品

3. 操作要点

（1）大米、玉米计量　为了提高膨化产品的各项指标，找到大米与玉米的最佳配比，将大米与玉米按一定配比计量。

（2）适量粉碎　分别将玉米、大米放入粉碎机内进行粉碎，然后过 60 目筛，其目的是为了达到两种物质的颗粒粒度一致，以便使之混合均匀。

（3）混合　将粉碎的玉米粉、大米粉、营养强化剂和辅料（变性淀粉、品质改良剂、乳化剂、食盐）按一定比例混匀。

（4）调湿　将配好的原料加水进行调湿，用多功能处理机使之混合均匀。

（5）挤压膨化　采用双螺杆膨化机，先开机 30min 左右，使机头预热，然后将已调湿的米粉由慢到快加入膨化机内，进行挤压膨化。

（6）干燥　产品挤出成型后，水分含量一般为 7%～10%，可先将其烘干至水分含量为 5% 左右，此时产品具有比较长的保存

期，并且使产品更加松脆。将产品放在 90 ～ 110℃ 的烘箱中，烘 10min。

（7）喷油　将干燥后的产品，在其表面均匀喷涂一层植物油，使其口感好，并利于喷调味粉，喷油量控制在 8%～10%。

（8）加调味料　将不同风味的调味粉喷在植物油表面，从而得到不同风味的膨化米果。

（9）包装　膨化产品采用真空充氮气软包装。

第三节　锅巴膨化类

一、锅巴

1. 原料配方

（1）锅巴配方　大米 85%，淀粉 12%，调料 3%。色拉油为原料重量的 3%，棕榈油为原料重量的 25%。

（2）调料配方

① 牛肉风味　牛肉精 20%，味精 10%，盐 50%，五香粉 10%，白糖 10%。

② 咖喱风味　味精 10%，盐 50%，五香粉 10%，咖喱粉 29%，丁香 1%。

2. 工艺流程

大米→清洗除杂→浸泡→蒸米→拌油→拌淀粉→压片→切片→油炸→喷调料→包装→成品

3. 操作要点

（1）清洗除杂　用清水将米淘洗干净，去掉杂质和沙石。

（2）浸泡　将洗净的米用洁净水浸泡 1h，捞出。

（3）蒸米　把泡好的米放入蒸锅中蒸熟。

（4）拌油　加入大米原料重 3% 的色拉油，搅拌均匀。

（5）拌淀粉　按比例将淀粉和大米混合，拌淀粉温度为 15～

20℃，搅拌均匀。

（6）压片　用压片机将拌好的料压成厚 1～1.5mm 的米片，压 2～3 次即成。

（7）切片　将米片切成长 5cm、宽 2cm 的片。

（8）油炸　油温控制在 240℃ 左右，时间 4min。炸成浅黄色捞出，沥去多余的油。

（9）喷调料　调料按所需配方配好，调料要干燥，粉碎细度为80 目，喷撒要均匀。

（10）包装　每袋装 50g 或 100g，用真空封口机封合。

二、咪巴

1. 原料配方

米粉 100kg，猪油 2kg，淀粉 3kg，盐 2kg，水 42～45kg。

2. 工艺流程

米粉→搅拌（加盐水、猪油）→蒸米→打散→加淀粉搅拌→压片→切块→油炸→调味→冷却→包装

3. 操作要点

（1）搅拌　先将 2kg 盐加入 42～45kg 水中，溶解后将其加入米粉中，应在搅拌机中边搅拌边加入盐水。待混合均匀后，加入2kg 猪油，搅拌（也叫打擦）均匀后，上锅蒸粉。

（2）蒸米、打散、加淀粉搅拌　水沸后，待锅顶上汽后，蒸5～6min。出锅时米粉（此处米粉是指以大米为原料，经浸泡、蒸煮、压条等工序制成的条状、丝状米制品）不粘屉布，趁热用搅拌机将米粉打散，并加入 3kg 淀粉，搅拌均匀后压片。

（3）压片　不能趁热压片，这样压出的片太硬、太实，油炸后不酥，也不能凉透后压片，这样淀粉会老化，不易成型，炸后艮。压片时可反复折叠压 4～6 次，至薄片不漏孔，有弹性，能折叠而不断为止。

（4）切块、油炸　切成 3cm×2cm 的长方块，进行油炸，油炸

温度 130～140℃。

（5）调味、冷却、包装 油炸后经过调味、冷却、包装即为成品。

三、膨化锅巴

1. 原料配方

（1）膨化锅巴配方 大米粉 90%，淀粉 8%，奶粉 2%，调味料适量。

（2）调味料配方

① 海鲜味 干虾仁粉 10%，食盐 50%，无水葡萄糖 10%，虾味香精 10%，葱粉 5%，味精 10%，姜 3%，酱油粉 2%。

② 鸡香味 食盐 55%，味精 10%，无水葡萄糖 19.5%，鸡香精 15%，白胡椒 0.5%。

③ 麻辣味 辣椒粉 30%，胡椒粉 4%，精盐 50%，味精 3%，五香粉 13%。

2. 工艺流程

大米→精选除杂→清洗→粉碎→混合→加水搅拌→膨化→冷却→切段→油炸→调味→包装→成品

3. 操作要点

（1）精选除杂、粉碎 精选大米，除去沙石等杂物。用粉碎机粉碎。

（2）混合 将原料按配方充分混合，然后边进行搅拌、边掺水，水量约为原料总量的 30%。

（3）膨化 开机膨化前，先配些水分较多的米粉放入机器中，然后开动机器，使湿料不膨化，而容易通过喷口。运转正常后再加入 30% 水分的半干粉，出条后，如果太膨松，说明加水量少。出条软、无弹性、不膨化，说明含水量过多。这两种情况都应避免。要求出条后半膨化，有弹性，有均匀小孔。如果出来的条子不合格，可放回料斗重新混合挤压，但一次不能放入太多。

（4）冷却　出来的条子冷却几分钟，然后用刀切成小段。

（5）油炸　当油温为130～140℃时，放入切好的半成品，料层约厚3cm。下锅后将料打散，数分钟后，打料时有声响，便可出锅。出锅前为白色，放一段时间变黄白色。

（6）调味、包装　当炸好的锅巴出锅后，应趁热一边搅拌，一边加入各种调味料，使其均匀地撒在锅巴表面上，并尽快计量包装。

四、小米锅巴

1. 原料配方

（1）主要原料　小米80kg，大米10kg，淀粉10kg，奶粉2kg。

（2）调味料

① 海鲜味　味精20％，花椒粉2％，盐78％。

② 麻辣味　辣椒粉30％，胡椒粉4％，味精3％，五香粉13％，精盐50％。

③ 孜然味　盐60％，花椒粉9％，孜然28％，姜粉3％。

2. 工艺流程

原料混合→加水搅拌→膨化→冷却→切段→油炸→调味→称量→包装→成品

3. 操作要点

（1）原料混合、加水搅拌　首先将小米和大米磨成粉，再将粉料按配方在搅拌机内充分混合，在混合时要边搅拌边喷水，可根据实际情况加入约30％的水。在加水时，应缓慢加入，使其混合均匀成松散的湿粉。

（2）膨化　开机膨化前，先配些水分较多的米粉放入机器中，再开动机器，使湿料不膨化，容易通过出口。机器运转正常后，将混合好的物料放入螺旋膨化机内进行膨化。如果出料太膨松，说明加水量少，出来的料软、白、无弹性。如果出来的料不膨化，说明粉料中含水量多。要求出料呈半膨化状态，有弹性并具有熟面颜色，有均匀小孔。

（3）冷却、切段　将膨化出来的半成品晾几分钟，然后用刀切成所需要的长度。

（4）油炸　在油炸锅内装满油加热，当油温度为130～140℃时，放入切好的半成品，料层约厚3cm。下锅后将料打散，几分钟后打料有声响，便可出锅。由于油温较高，在出锅前为白色，放一段时间后变成黄白色。

（5）调味、称量、包装　当油炸好的锅巴出锅后，应趁热一边搅拌，一边加入各种调味料，使得调味料能均匀地撒在锅巴表面上。称量后包装，即为成品。

五、茶香大米锅巴

1. 原料配方

大米10kg，茶末（红茶、绿茶、乌龙茶任选一种）1kg，食盐100g，味精75g，猪油、小麦淀粉、植物油各适量。

2. 工艺流程

原料选择→淘米→浸泡（加茶汁）→蒸煮→冷却→添加配料→轧片→切片→油炸→调味→包装→成品

3. 操作要点

（1）原料选择　选用粳米作原料优于籼米。

（2）淘米　将大米洗净，除去表面的米糠及其他污物，沥水供浸泡用。

（3）茶汁提取　提取茶汁用于浸泡大米和蒸米饭。将适量经120目筛的茶末用沸水泡10min，然后抽滤。如此反复操作3次，将滤液混合，备用。

（4）浸泡　用上述茶汁浸泡大米，使大米充分吸水利于蒸煮时充分糊化、煮熟。浸米至米粒呈饱满状态，水分含量达30％左右时为止。浸泡时间通常为30～45min。

（5）蒸煮　可采用常压蒸煮，也可采用加压蒸煮，蒸煮到大米熟透、硬度适当、米粒不糊、水分含量达 50％～60％ 为止。如果蒸煮时间不够，则米粒不熟，没有黏结性，不易成型，容易散开，且做成的锅巴有生硬感，口味不佳；反之，则米粒煮得太烂，容易黏成团，并且水分含量太高，油炸后的锅巴不够脆，影响产品质量。

（6）冷却　将蒸煮后的米饭进行自然冷却，散发水汽，目的是使米饭松散，不进一步变软，不黏结成团，也不粘轧片器具，既便于操作，又保证了产品的质量。

（7）添加配料　加入适量猪油、小麦淀粉及取汁后的茶末于冷却好的米饭中混匀。

（8）轧片、切片　在预先涂有油脂的不锈钢板上，将米饭压实成 5mm 厚的薄片，然后切片。切片可大可小，但宜切成大小均匀的小方块。

（9）油炸　将切好的薄片放在植物油中油炸，油温 190～200℃，动作要迅速，以减少茶叶中各种成分的损失。炸至金黄色捞出，沥油后立即冷却。

（10）调味　可采用传统方法用食盐、味精等调料加以调味。

（11）包装　经调味或原味的制品用铝塑薄膜袋包装封口，装箱入库即为成品。

六、小米黑芝麻香酥片

1. 原料配方

小米 800g，大米 100g，黑芝麻 100g，起酥油 100g，食盐 15g，白糖 50g，麻辣粉 20g，适量"特香酥"。

2. 工艺流程

原辅料处理→计量→混合→面团调制→酥化处理→压片、切片→调味→烘烤→冷却→包装

3. 操作要点

（1）原辅料处理　选用洁净脱壳新大米，用水淘洗干净再浸泡

2～3h，晾干，磨粉，过 80～100 目筛，备用。选用优质黑芝麻，精选除去杂质及不饱满粒，用清水洗净，晒干或烘干备用。

（2）计量、混合、面团调制　将处理好的大米粉和黑芝麻按配方比例称取；投入搅拌机内搅拌混合均匀，再加入适量开水搅拌至无干粉，最后加入起酥油搅拌成软硬适中的面团。

（3）酥化处理　在和好的面团中加适量"特香酥"揉匀，静置几分钟酥化。

（4）压片、切片　面团酥化处理后，用压片机压制成 0.15～0.5cm 厚的整片，然后切成方块或其他形状。

（5）调味　成型后，喷撒不同风味的调味料，如盐、白糖、麻辣粉等。

（6）烘烤　拌好调味料后，放入预先升温至 180℃的烤箱，烘烤 4～6min，即可成熟。

（7）冷却、包装　烤熟出炉，自然冷却后，称量装袋，真空密封。

第二章　米酒生产

第一节　米酒生产工艺

一、原料的处理

1. 大米原料处理

大米原料在糖化发酵以前必须进行精白、浸米、蒸煮、冷却等处理。

（1）米的精白　由于糙米的糠层含有较多的蛋白质、脂肪，给米酒带来异味，降低成品酒的质量。另外，糠层的存在，妨碍大米的吸水膨胀，米饭难以蒸透，影响糖化发酵；糠层所含的丰富营养会促使微生物旺盛发酵，品温难以控制，容易引起生酸菌的繁殖而使酒醪的酸度升高。对糙米或精白度不足的原料应该进行精白，以消除上述的不利影响。

大米精白时，随着精白程度的提高，米的化学组成逐渐接近于胚乳，淀粉含量的相对比例增加，蛋白质、脂肪等成分相对减少。

米的精白程度常以精米率表示。精米率也称出白率，是指稻谷糙米碾去糠皮后所得精白米的百分率。精白度提高有利于米的蒸煮、发酵，有利于提高酒的质量。所以，日本生产清酒时，酒母用米的精米率为70%，发酵用米的精米率为75%左右。

粳米、籼米比糯米难蒸透，更应注意提高精白度，但精白度越高，米的破碎率会增加，有用物质的损失就增多。因此，一般控制精白度为标准一级较适宜，或者在浸米时，添加适量的蛋白酶、脂肪酶，以弥补精白不足的缺陷。

（2）米的浸渍　大米可以通过洗米操作除去附着在米粒表面的糠秕、尘土和其他杂质，然后加水浸渍。

① 浸米的目的

A. 让大米吸水膨胀以利蒸煮。要使大米淀粉蒸熟糊化，必须先让它充分吸水，使植物组织和细胞膨胀，颗粒软化。蒸煮时，热量通过水的传递进入淀粉颗粒内部，迫使淀粉链的氢键破坏，使淀粉达到糊化程度。适当延长米的浸渍时间，可以缩短米的蒸煮时间。

B. 为了取得浸米的酸浆水，作为传统绍兴米酒生产的重要配料之一。传统的摊饭法酿酒，浸米时间长达16～20天，除了使米充分吸水外，主要是抽取浸米的酸浆水用作配料，使发酵开始即具有一定的原始酸度，抑制杂菌的生长繁殖，保证酵母菌的正常发酵。浆水中的氨基酸、生长素可提供给酵母利用；多种有机酸带入酒醪，改善了米酒的风味。浆水配料是绍兴酒生产的重要特点之一。

② 浸米过程中的物质变化　浸米开始，米粒吸水膨胀，含水量增加；浸米4～6h，吸水达20%～25%；浸米24h，水分基本吸足。浸米时，米粒表面的微生物依靠溶入的糖分、蛋白质、维生素等进行生长繁殖，浸米2天后，浆水微带甜味，从米层深处会冒出小气泡，开始进行缓慢的发酵作用，乳酸链球菌将糖分逐渐转化成乳酸，浆水酸度慢慢升高。浸米数天后，水面上将出现由产膜酵母形成的乳白色菌醭，与此同时，米粒所含的淀粉、蛋白质等物质受到米粒本身存在的微生物分泌的淀粉酶、蛋白酶等作用而进行水解，其水解产物提供给乳酸链球菌等作为转化的基质，产生乳酸等

有机酸，使浸米水的总酸、氨基酸含量增加。总酸可高达 0.5%～0.9%，酸度的增加促进了米粒结构的疏松，并随之出现"吐浆"现象。这些变化与浆水中的微生物密切相关。经分析，浆水中微生物以细菌最多，酵母次之，霉菌最少。

浸米过程中由于溶解作用和微生物的吸收转化，淀粉等物质都有不同程度的损耗，浸米 15 天，测定浆水所含固形物达 3% 以上，原料总损失率达 5%～6%，淀粉损失率为 3%～5%。

③ 影响浸米速度的因素　浸米时间的长短由生产工艺、水温、米的性质所决定。除了传统的酿造法需要以浆水作配料时需长时间浸米外，目前浸米时间都比较短，一般只要求达到米粒保持完整，手指捏米能碎即可，吸水率为 25%～30%。吸水量指原料米经浸渍后含水百分数的增加值。

浸米时吸水速度的快慢，首先与米的品质有关，糯米比粳米、籼米吸水快；大粒米、软质米、精白度高的米，吸水速度快，吸水率高。

使用软水浸米，水分容易渗透，米粒的无机成分溶出较多；使用硬水浸米，水分渗透慢，米粒的有机成分溶出较多。

浸米水温高，吸水速度快，有用成分的损失随之增多；浸米水温低，则相反。为了使浸米速度不受环境气温的影响，可采用控温浸米，当气温下降，浸米的配水温度可以提高，使浸米水温控制在 30℃ 或 35℃ 以下，既加快米的浸渍速度，又能防止米的变质发臭。根据气温来决定配水的温度。加入米后水温下降，为了维持恒定的浸米温度，可在浸米室内利用蒸汽保温，使室温维持在 25℃ 左右，浸米时间在 36～48h，米的吸水率达 30% 以上。目前新工艺米酒生产不需要浆水配料，常用乳酸调节发酵醪的 pH，浸米时间可大为缩短，常在 24～48h 内完成。淋饭法生产米酒，浸米时间仅几小时或十几小时。

我国北方，因酿酒原料和气候条件不同，浸米方法与南方大米不一样。黍米浸渍，先加入 60% 左右的沸水泡软米粒外皮，并急速搅拌散冷，称为烫米，使水分易于渗透。然后浸渍 20h。

（3）蒸煮

① 蒸煮目的

A. 使淀粉糊化。大米淀粉以颗粒状态存在于胚乳细胞中，淀粉分子排列整齐，具有结晶型构造，称为生淀粉或 β-型淀粉。浸米以后，淀粉颗粒膨胀，淀粉链之间变得疏松。对浸渍后的大米进行加热，结晶型的 β-型淀粉转化为三维网状结构的 α-型淀粉，淀粉链得以舒展，黏度升高，称为淀粉的糊化。糊化后的淀粉易受淀粉酶的水解而转化为糖或糊精。

B. 对原料的灭菌作用。通过加热杀灭大米所带有的各种微生物，保证发酵的正常进行。

C. 挥发掉原料的怪杂味，使米酒的风味纯净。

② 蒸煮的质量要求　米酒酿造采用整粒米饭发酵，并且是典型的边糖化边发酵，醪液浓度高，呈半固态，流动性差。为了使发酵与糖化两者平衡，发酵彻底，便于压榨滤酒，在操作时特别要注意保持饭粒的完整。所以蒸煮时，要求米饭蒸熟蒸透，熟而不糊，透而不烂，外硬内软，疏松均匀。为了检测米饭的糊化程度，可以用刀片切开饭粒，观察饭心，并可进行碘反应试验。

蒸饭时间由米的种类和性质、浸后米粒的含水量、蒸饭设备及蒸汽压力所决定。一般糯米与精白度高的软质粳米，常压蒸煮 $15\sim25\text{min}$；而硬质粳米和籼米，应适当延长蒸煮时间，并在蒸煮过程中淋浇 85℃以上的热水，促进饭粒吸水膨胀，达到更好的糊化效果。

③ 蒸饭设备　米酒生产以往一直采用蒸桶间歇常压蒸饭，劳动强度大，生产能力低。目前大多数已采用蒸饭机连续蒸饭。

A. 卧式蒸饭机　卧式蒸饭机总长度 $8\sim10\text{m}$，由两端的鼓轮带动不锈钢孔带回转，或用链轮带动尼龙网带回转。在上层网带上堆积一定层高的米饭，带下方隔成几个蒸汽加热室，室内装有蒸汽管。在蒸饭机尾部设有冷却装置，控制熟饭品温，饭层上方空间可安置淋水管及翻饭装置。网带上米层高度通过下料时的调节板控制，常在 $20\sim40\text{cm}$ 之间，大多为 30cm 左右。整个蒸饭时间可用调速器控制在 30min 以内。

B. 立式蒸饭机 立式蒸饭机结构简单，造价便宜，占地面积小，热量利用率高。它由接米口、筒体、气室、菱形预热器及锥形出口等部分组成。筒体一般用 2～3mm 的不锈钢板制成，也可用 4～5mm 的铝板。圆筒直径不能大于 1m，筒体上均匀分布 2mm 的汽孔 400～500 个。筒体内壁要求光滑，筒体外围有蒸汽夹套。下端的锥形出料口的锥底夹角要求大于 70°，使筒体内的米饭层能同步下落，出饭口直径与筒体直径之比为 0.5～0.6。为了能适应多品种大米原料的蒸煮，可采用双汽室蒸饭机或立式、卧式结合蒸饭机。

(4) 米饭的冷却 米饭蒸熟后必须冷却到适宜微生物生长繁殖或发酵的温度，才能使微生物很好地生长并对米饭进行正常的生化反应。冷却的方法有淋饭法和摊饭法。

① 淋饭法 在制作淋饭酒、喂饭酒和甜型米酒及淋饭酒母时，使用淋饭冷却。该法冷却迅速，冷后温度均匀，并可利用回淋操作，把饭温调节到所需范围。淋饭冷却能适当增加米饭的含水量，促使饭粒表面光洁滑爽，有利于拌药搭窝，维持饭粒间隙，有利于好氧菌的生长繁殖。糯米原料含水 14% 左右，浸米后水分达 36%～39%，经蒸饭淋水，饭粒含水量可升至 60% 左右。淋后米饭应沥干余水，否则，根霉繁殖速度减慢，糖化发酵力变差，酿窝浆液浑浊。

② 摊饭法 将蒸熟的热饭摊放在洁净的竹簟或磨光水泥地面上，依靠风吹使饭温降至所需温度。可利用冷却后的饭温调节发酵罐内物料的混合温度，使之符合发酵要求。摊饭冷却，速度较慢，易感染杂菌和出现淀粉老化现象，尤其是含直链淀粉多的籼米原料，不宜采用摊饭法，否则淀粉老化严重，出酒率会降低。

2. 黍米原料处理

(1) 烫米 黍米谷皮厚，颗粒小，吸水困难，胚乳淀粉难以糊化，必须先烫米，使谷皮软化开裂，然后浸渍，使水分向内部渗透，促进淀粉松散，以利煮糜。烫米前，黍米用清水洗净，沥干，再用沸水烫米，并快速搅动，使米粒略呈软化，稍微开裂即可，以避免淀粉内容物过多流失，如果烫米不足，煮糜时米粒易爆跳。

（2）浸渍　烫米时随搅拌散热，水温逐降至 35～45℃，开始静止浸渍。浸渍时间随气温而变，冬季 20～22h，夏季 12h 左右，春、秋季 20h 左右。

（3）煮糜　煮糜的目的是使黍米淀粉充分糊化呈黏性，并产生焦黄色素和焦米香气，形成黍米米酒的特殊风格。煮糜时先在铁锅中放入黍米重量二倍的清水并煮沸，渐次倒入浸好的黍米，搅拌翻铲，使糜糊化；也可利用带搅拌的煮糜锅，在 0.196MPa 表压蒸汽下蒸煮 20min，闷糜 5min，然后放糜散冷至 60℃，再添加麦曲或麸曲，拌匀，堆积糖化。

3. 玉米原料处理

（1）浸泡　玉米淀粉结构紧密，难以糖化，应预先粉碎、脱胚、去皮、洗净制成玉米糁，才能用于酿酒。玉米糁子粒度要求在每克 30～35 个。颗粒小，便于吸水蒸煮。

为了使玉米淀粉充分吸水，可变换浸渍水温使淀粉热胀冷缩，破坏淀粉细胞结构，达到糊化的目的。可先用常温水浸泡 12h，再升温到 50～65℃，保温浸渍 3～4h，再恢复常温浸泡，中间换水数次。

（2）蒸煮、冷却　浸后的玉米糁，经冲洗沥干，进行蒸煮，并在圆汽后浇洒沸水或温水，促使玉米淀粉颗粒膨胀，再继续蒸熟为止，然后用淋饭法冷却到拌曲下罐温度，进行糖化发酵。

（3）炒米　炒米的目的是形成玉米酒的色泽和焦香味。把玉米糁总量的 1/3，投入五倍的沸水中，用火加热炒到玉米糁成熟并有褐色焦香时，出锅摊凉，掺入经蒸煮淋冷的玉米饭中，揉和，加曲，加酒母，入罐发酵，下罐品温常在 16～18℃。

二、传统的摊饭法发酵

摊饭法发酵是米酒生产常用的一种方法，干型米酒和半干型米酒中具有典型代表性的绍兴元红酒及加饭酒等都是应用摊饭法生产的，它们仅在原料配比与某些具体操作上略有调整。摊饭发酵是传统米酒酿造的典型方法之一。

1. 工艺流程

见图 2-1。

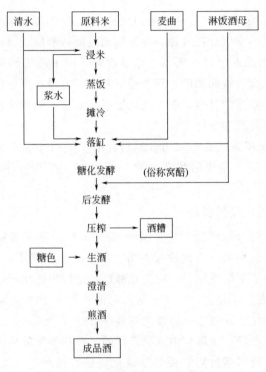

图 2-1 摊饭法酿造工艺流程

2. 摊饭法发酵特点

① 传统的摊饭法发酵酿酒，常在 11 月下旬至翌年 2 月初进行，强调使用"冬浆冬水"，以利于酒的发酵和防止升酸。另外低温长时间发酵，对改善酒的色、香、味都是有利的。

② 采用酸浆水配料发酵是摊饭酒的重要特点。新收获的糯米经过 18~20 天的浸渍，浆水的酸度达 0.5~1g/100mL，并富含

生长素等营养物质，对抑制发酵过程中产酸菌的污染和促进酵母生长繁殖极其有利。为了保证成品酒酸度在 0.45g/100mL 以下，必须把浆水按三分酸浆水加四分清水的比例稀释，使发酵醪酸度保持在 0.3～0.35g/100mL，使发酵正常进行，并改善成品酒的风味。

③ 摊饭法发酵前，热饭采用风冷，使米饭中的有用成分得以保留，并把不良气味挥发掉，使摊饭酒的酒体醇厚、口味丰满。

④ 摊饭法发酵以淋饭酒母作发酵剂，由于淋饭酒母是从淋饭酒醅中经认真挑选而来的，其酵母具有发酵力强、产酸低、耐渗透压和酒精含量高的特点，故一旦落缸投入发酵，繁殖速度和产酒能力大增，发酵较为彻底。

⑤ 传统摊饭法发酵采用自然培养的生麦曲作糖化剂。生麦曲所含酶系丰富，糖化后代谢产物种类繁多，可改善摊饭酒的色、香、味。

3. 摊饭法发酵操作要点

蒸熟后的米饭经过摊冷降温到 60～65℃，投入盛有水的发酵缸内，打碎饭块后，依次投入麦曲、淋饭酒母和浆水，搅拌均匀，使缸内物料上下温度均匀，糖化发酵剂与米饭很好接触，防止"烫醪"，造成发酵不良。最后控制落缸品温在 27～29℃，并做好保温工作，使糖化、发酵和酵母繁殖顺利进行。

传统的发酵是在陶缸中分散进行的，有利于发酵热量的散发和进行开耙。物料落缸后，便开始糖化发酵，前期主要是增殖酵母细胞，品温上升缓慢。投入的淋饭酒母，由于醪液稀释而酵母浓度仅在 1×10^7 个/mL 以下，但由于加入了营养丰富的浆水，淋饭酒母中的酵母菌从高酒精含量的环境转入低酒精含量的环境后，生长繁殖能力大增，经过十多个小时，酵母浓度可达 5×10^8 个/mL 左右，即进入主发酵阶段，此时温度上升较快。由于二氧化碳气的冲力，使发酵醪表面积聚一厚层饭层，阻碍热量的散发和新鲜氧的进入。必须及时开耙（搅拌），控制酒醅的品温，促进酵母增殖，使酒醅糖化、发酵趋于平衡。开耙时以饭面下 15～

20cm缸心温度为依据，结合气温高低灵活掌握。开耙温度的高低影响成品酒的风味，高温开耙（头耙在35℃以上），酵母易于早衰，发酵能力不会持久，使酒醅残糖含量增多，酿成的酒口味较甜，俗称热作酒；低温开耙（头耙温度不超过30℃），发酵较完全，酿成的酒甜味少而辣口，俗称冷作酒。摊饭法发酵开耙温度的控制情况见表2-1。

表 2-1　摊饭法发酵开耙温度的控制情况

耙数	头耙	二耙	三耙
间隔时间/h	落缸后20	3～4	3～4
耙前温度/℃	35～37	33～35	30～32
室温	10℃左右	10℃左右	10℃左右

开头耙后品温一般下降4～8℃，以后，各次开耙的品温下降较少。头耙、二耙主要依据品温高低进行开耙，三耙、四耙则主要根据酒醅发酵的成熟程度来进行，四耙以后，每天捣耙2～3次，直至品温接近室温。一般主发酵在3～5天结束。为了防止酒精过多地挥发损失，应及时灌坛，进行后发酵。这时酒精含量一般达13%～14%。

后发酵使一部分残留的淀粉和糖分继续糖化发酵，转化为酒精，并使酒成熟增香。一般后发酵2个月左右。从主发酵缸转入后发酵酒坛，醪液由于翻动而接触了新鲜氧气，使原来活力减弱的酵母又重新活跃起来，增强了后发酵能力。因为后发酵时醪液处于静止状态，热量散发困难，所以，要用透气性好的酒坛作容器，促使热量散发，并能使酒醅保持微量的溶解氧（在后发酵期间，应保持每小时，每克酵母0.1mg溶解氧），使酵母仍能保持活力，几十天后，酒醅中存活的酵母浓度仍可达（4～6）×10^8个/mL。后发酵的品温常随自然温度而变化。所以，前期气温较低的酒醅应堆在温暖的地方，以加快后发酵的速度；在后期气温转暖时的酒醅，则应堆在阴凉的地方，防止温度过高，一般以控制室温在20℃以下为宜，否则易引起酒醅的升酸。

三、喂饭法发酵

喂饭法发酵是将酿酒原料分成几批,第一批先做成酒母,在培养成熟阶段,陆续分批加入新原料,起扩大培养、连续发酵的作用,使发酵继续进行的一种酿酒方法,类同于近代酿造学上的递加法。喂饭法发酵可使产品风味醇厚,出率提高,酒质优美,不仅适合于陶缸发酵,也很适合大罐发酵生产和浓醪发酵的自动开耙。

1. 工艺流程

见图 2-2。

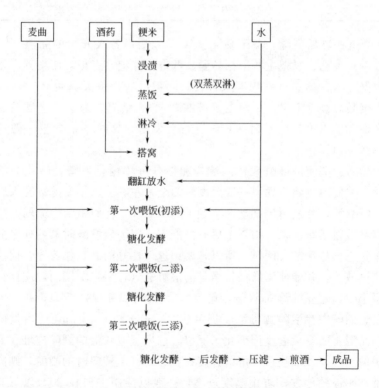

图 2-2　喂饭法酿酒工艺流程

2. 喂饭法发酵的主要特点

① 酒药用量少，仅是用作淋饭酒母原料的 0.4％～0.5％，对整个酿酒原料来讲，其比例更微。酒药内含量不高的酵母，在淋饭酒醅中得到扩大培养、驯养、复壮，并迅速繁殖。

② 由于多次喂饭，酵母能不断获得新鲜营养，并起到多次扩大培养的作用，酵母不易衰老，新细胞比例高，发酵力始终很旺盛。

③ 由于多次喂饭，醪液在边糖化边发酵过程中，从稠厚转变为稀薄，同时酒醅中不会形成过高的糖分，而影响酵母活力，仍可以生成较高含量的酒精，出酒率也较其他方法高，可达 270％左右。

④ 多次投料连续发酵，可在每次喂饭时调节控制饭水的温度，增强发酵对气候的适应性。由于喂饭法发酵使主发酵时间延长，酒醅翻动剧烈，有利于新工艺大罐发酵的自动开耙，使发酵温度易于掌握，对防止酸败有一定的好处。

3. 喂饭法发酵操作要点

（1）酿缸的制作　酿缸实际就是淋饭酒母，其功用是以米饭做培养基，繁殖根霉菌，以产生淀粉酶，再以淀粉酶水解淀粉产生糖液培养酒母；同时根霉、毛霉产生一定量的有机酸，合理调节发酵醪的 pH 值。根霉、犁头霉、念珠霉的滋生，也有一定的产酯能力，形成酒酿特有的香气。因此，酒酿具有米曲和酒母的双重作用，故考察酿缸质量应从淀粉酶和酵母活性两方面考虑。

粳米喂饭法发酵的要点是"双淋双蒸，小搭大喂"。粳米原料经浸渍吸足水分后，进行蒸饭，"双淋双蒸"是粳米蒸饭的质量关键，所谓"双淋"即在蒸饭过程中两次用 40℃左右的温水淋洒米饭，抄拌均匀，使米粒吸足水分，保证糊化。"双蒸"即同一原料经过两次蒸煮，要求米饭熟而不烂。然后淋冷，拌入原料量 0.4％～0.5％的酒药搭窝，并做好保温工作，经 18～22h 开始升温，24～36h 温度有回落时出现酿液，此时品温 29～33℃，以后酿液逐渐增多，趋于成熟。

一般来说，酿液清，酒精含量低，酸度低时，它的淀粉酶活性高，反之活性低。因此，从淀粉酶的活性要求看，要酿液酒精含量低、糖度高、酸度低的较好；但要求酵母细胞数多，发酵力强时，一般酿液品温较高，泡沫多，呈乳白色，酒精含量、酸度也较高。

酿缸中浆液酵母的浓度因各种原因而波动于 $(0.1 \sim 3) \times 10^8$ 个/mL，酒药中酵母数的多少、酒药接种量的高低、米饭蒸煮时饭水的量、糖液浓度和温度的高低等都会影响酵母细胞浓度的变化。如果酿液酵母数过少，翻缸放水后温度偏低，酵母繁殖特别慢；在主发酵前期（第一、第二次喂饭后）酒精生成少，糖分过于积累，容易导致主发酵后期杂菌繁殖而酸败；如酿液酵母数较多，则翻缸放水后，酵母迅速繁殖和发酵，使主发酵时出现前期高温，促使酵母早衰。一般酿液酵母浓度在 1×10^8 个/mL 左右为好。另外，酿缸培养时间短的，酵母繁殖能力强；培养时间长的，酵母比较老，繁殖能力相对减弱。培养时间过长，还会使酵母有氧呼吸所消耗的糖分增加，而降低原料出酒率。可把传统的搭窝 $2 \sim 3$ 天，待甜浆满到 2/3 缸时放水转入主发酵，改变成搭窝 30h 就放水转入主发酵，以减少有氧糖代谢比例而提高出酒率。

因此，淀粉酶活性的大小，酒酿糖浓度的高低，酵母细胞数的多少，酵母繁殖能力的强弱，都直接影响整个喂饭法发酵。特别是使用大罐进行喂饭法发酵时，由于投料量多，醪容量大，以上因素的影响更为显著。

（2）翻缸放水　喂饭发酵一般在搭窝 $48 \sim 72h$ 后，酿液高度已达 2/3 的醅深，糖度达 20% 以上，酵母数在 1×10^8 个/mL 左右，酒精含量在 4% 以下，即可翻转酒醅并加入清水。加水量控制每 100kg 原料总醪量为 310% $\sim$ 330%。翻缸 24h 后，可分次喂饭，加曲进行发酵，并应注意开耙。

喂饭次数是三次最佳，其次是二次。酒酿原料：喂饭总原料为 1:3 左右，第一至第三次喂饭的原料比例分配为 18%、28%、54%，喂饭量逐级提高，有利于发酵和酒的质量。

利用酒酿发酵可以提供一定量的有机酸和形成酯的能力，可以调节 pH，提高原料利用率。但酒酿原料比例过大，有机酸和杂质过多，会给米酒带来苦涩味和异杂味，所以，必须有一个合适的比例。如果一次喂饭，喂饭比例又高，必然会冲淡酸度，降低醪液的缓冲能力，使 pH 值升高，对发酵前期抑制杂菌不利，容易发生酸败。若喂饭次数过多，第一次与最末次喂饭间隔过长，不但淀粉酶活性减弱，酵母衰老，而且长时间处于较高品温下，也会造成酸败，所以，三次喂饭较为合理，这种多次喂饭，使糖化发酵总过程延长，热量分步散发，有利于品温的控制。同时分次喂饭和分次下水，可以利用水温来调节品温，整个发酵过程的温度易于控制。多次喂饭，可以减少酿缸的用量，扩大总的投料量，在减少设备数量下提高产量。

喂饭各次所占比例，应前小后大。由于前期主要是酵母的扩大培养，故前期喂饭少，使醪液 pH 值较低，开耙搅拌容易，温度也易控制，对酵母生长繁殖是有利的。后期是主发酵作用，有了优质的酵母菌，保证了它在最末次喂饭后产生一个发酵高峰期，使发酵完全彻底，所以，要求喂饭法发酵做到：小搭大喂、分次续添、前少后多。

加曲量按每次喂饭原料量的 8%～12% 在喂饭时加入。用于弥补发酵过程中的淀粉酶不足，并增添营养物质供酵母利用。由于麦曲带有杂菌，因此，不宜过早加入，防止杂菌提前繁殖，杂菌主要是生酸杆菌和野生酵母，喂饭法发酵的温度应前低后高，缓慢上升，最末次喂饭后，出现主发酵高峰。前期控制较低温度，有利于增强酵母的耐酒精能力和维持淀粉酶活性，在低 pH 值，较低温度下，更有利于抑制杂菌，但到主发酵后期，由于酵母浓度已很高，并有一定的酒精浓度，所以，在主发酵后期出现温度高峰也不致轻易造成酸败。

喂饭时间间隔以 24h 为宜，在整个喂饭法发酵过程中，酒醅 pH 值变化不大，维持在 4.0 左右，很有利于酵母的生长繁殖和发酵，而不利于生酸杆菌的繁殖。

最后一次喂饭 36～48h 以后，酒精含量达 15％以上。如敞口时间过长，酒精挥发损失较多，酵母也逐渐衰老，抑制杂菌能力减弱，因此，可以灌醅或转入后发酵罐，在 15℃以下发酵。

四、米酒大罐发酵和自动开耙

传统米酒生产是用大缸、酒坛作发酵容器的，容量小，占地多，质量波动大，劳动强度高，后来在传统工艺的基础上改进大容器发酵，克服了缸、坛发酵的缺点，并为米酒机械化生产奠定了基础。

大罐发酵工艺生产基本上实行机械化操作，原料大米经精白除杂，通过气力输送送入浸米槽或浸米罐，为计量方便，常采用一个前发酵罐的投料米浸一个浸米罐（池）。控温浸米 24～72h 使米吸足水分，再经卧式或立式蒸饭机蒸煮，冷却，入大罐发酵，同时加入麦曲、纯种酒母和水，进行前发酵 3～5 天后，醅温逐步下降，接近室温，用无菌空气将酒醪压入后发酵罐，在室温 13～18℃下静置后酵 20 天左右，再用板框压滤机压滤出酒液，经澄清、煎酒、灌装、贮陈为成品酒。其发酵所用麦曲可以用块曲、爆麦曲、纯种生麦曲，并适当添加少量酶制剂。整个生产过程基本上实现了机械化。

1. 工艺流程

见图 2-3。

2. 大罐发酵的基本特点及自动开耙的形成

大罐发酵具有容积大、醅层深、发热量大而散热难、厌氧条件好、二氧化碳气集中等特点。

传统大缸容积不到 $1m^3$，醅层深度 1m 左右，而目前国内最大的前发酵罐容积已达 $45～50m^3$，醪液深度有 9～10m，成为典型的深层发酵。传统大缸、酒坛的容积小而比表面积大，发酵时每缸每坛酒醅发出的热量少，主要通过搅拌使醪液与冷空气接触及通过容器壁散发热量，所以，在传统大缸发酵时，开耙尤其重要。而大

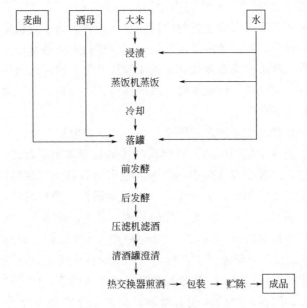

图 2-3 大罐发酵工艺流程

罐发酵时,因酒醪容积大,比表面积小,发酵热量产生多而散发困难,光靠表面自然冷却无法控制适宜的发酵品温,必须要有强制冷却装置才能够去废热,并且大罐发酵的厌氧条件也因容积大、醪层深而大为加强,这种状况在静止后发酵时尤其突出。开耙问题是大罐发酵的关键所在,继续采用人工开耙是不可能的,必须设法利用醪液自己翻动来代替人工开耙,才能使大罐发酵安全地进行下去。当米饭、麦曲、酒母和水混匀落罐后,由于酵母呼吸产生的二氧化碳的上升力,使上部物料显得干厚而下部物料含水较多,经过 8~10h 糖化及酵母繁殖,酵母细胞浓度上升到 $(3\sim5)\times10^8$ 个/mL,发酵作用首先在厌氧条件较好的底部旺盛起来。由于底部物料开始糖化发酵较早,醪液较早变稀,流动性较好,在酵母产生的二氧化碳气体的上浮冲力作用下,底部醪液较早地开始翻腾,随着发酵时间的推移,酒醪翻腾的范围逐步向上扩展。落罐后 10~14h,酒醪上部的醪盖被冲破,整个醪液全部自动翻腾,这时醪液品温正好达到传统发酵的头耙温度，为 33～35℃。以后醪液一直处于翻腾状态，直到主发酵阶段结束。同时，为了较快地移去发酵产生的热量，不使醪液品温升高，必须进行人工强制冷却，调节发酵温度。醪液自动翻腾代替了人工搅拌开耙，同样达到调温、散热、排除二氧化碳、吸收新鲜氧气的作用，人们称之为米酒大罐发酵的"自动开耙"。

自动开耙的难易与多种因素有关。首先是醅层厚度，由于醪液翻动主要依靠发酵产生的二氧化碳气体的拖带作用引起的，所以，醅层越厚，二氧化碳越集中，产生的拖带力就越大，翻腾越剧烈。同时，由于醅层加厚，上下部之间的醪液温差、相对密度差加大，更促进了醪液的对流，加速了醪的翻腾。其次，酿酒原料的不同也影响自动开耙的进行。粳米原料醅层厚度大于 3m 就能翻腾，糯米原料需 6m 以上醅层才自动翻腾，而籼米原料比粳米原料较容易翻动，醅层厚度可以降低。糯米糖化后，易形成醪盖，使自动开耙的阻力加大，因而，罐的高度需增加，使二氧化碳的上浮冲击力加大，而籼米则相反。

另外，原料浸渍度的高低、蒸饭熟度、糖化剂的酶活性、落罐工艺条件等都会影响自动开耙的难易程度。

如果落罐后 15～16h 不自动翻腾或醪液品温已升至 35℃ 仍难翻动时，必须及时用压缩的无菌空气通入罐底，强制开耙，以确保酒醅正常发酵。

自动开耙仅与罐的高度有主要关系，而与罐径无直接关系，因此，米酒发酵大罐设计时，常设计成瘦长形。罐径主要与控制醪液品温有关，大罐发酵的热量交换主要靠周围罐壁的冷却装置来实现，而不是靠醅层顶面向空气中散发热量进行降温，所以，在设计时要考虑罐径大小对热量交换的影响。

米酒大罐常是普通钢板（A₃）制成，内涂无毒涂料，加之容积大、比表面积小，故而厌氧条件比传统的陶缸、酒坛好，酒精的挥发损失也少，出酒率较高。但用大罐进行后发酵，由于酒醅基本处于静止状态，由发酵产生的热量较难从中心部位向外传递散发，以及由于酵母处于严重缺氧的情况下，活性降低而与生酸菌活动失去平衡，常常易发生后发酵升酸。因此，主发酵醪移入后发酵大罐后，要加强温度、酸度、酒度变化的检测工作，并适时通氧散热，维持酵母的活性，避免后发酵升酸现象的发生。在大罐前发酵过程中，必须加强温度管理，经常测定品温，随时加以调整。前发酵品温变化情况、前发酵酒精含量与酸度的变化分别见表 2-2、表 2-3。

表 2-2　前发酵品温变化情况

时间/h	落罐	0~10	10~24	24~36	36~48	48~60	60~72	72~84	84~96	输醪
品温/℃	22~24	25~30	30~33	33~30	30~25	25~23	23~21	21~20	<20	12~15

表 2-3　前发酵酒精含量与酸度的变化

发酵时间/h	24	48	72	96
酒精含量/%	>7.5	>9.5	>12	>14.5
酸度/(g/100mL)	<0.25	<0.25	<0.25	<0.35

3. 发酵罐

（1）前发酵罐　前发酵罐有瘦长形和矮胖形两种，以前者较普遍，因为它有利于醪液对流和自动开耙，并且占地面积较小。前发酵罐容积按单位质量投料量的三倍体积计算，即每公斤原料需 3L 的体积。罐体圆柱部分的直径 D 与高度 H 之比约为 1：2.5。材料大多采用 8mm 的 A_3F 碳钢板制作，内涂生漆或其他涂料，防止铁与酒醪的直接接触，影响酒的色泽、风味和稳定性。

前发酵罐冷却装置有列管内冷却、夹套外冷却和外围导向带式冷却，其中夹套外冷却的冷却面积较大，冷却速度较快，但冷却水利用率较低。也可采用三段夹套式冷却，分段控制进水量，以便按不同要求控制发酵液温度。目前趋向采用外围导向冷却，它能合理地利用冷却水，冷却面积比夹套式少，冷却速率稍低。

（2）后发酵罐　后发酵罐主要用于进行长时间缓慢后发酵，达到进一步转化淀粉和糖分为酒精，促使酒液成熟。由于发酵慢，时间长，所以，后发酵罐的数量和总容积远比前发酵罐多，后发酵罐一般为瘦长形圆柱锥底直立罐，可用 4mm 不锈钢板或 6～8mmA_3F 碳钢板制造，但碳钢罐制好后要内涂生漆或其他防腐无毒涂料，其单位投料量所占的容积可按前发酵醪容积的 0.9 倍计算。后发酵醪的品温控制有三种方法，一是罐内列管冷却，对降低中心部位醪液的品温较容易；二是外围导向冷却，若要迅速降低酒醪中心部位品温，应与无菌空气搅拌相结合；三是后发酵室空调降温，效果好而耗冷量大，成本较高。后发酵时，一般是两罐前发酵醪合并为一罐后发酵醪进行发酵，另一种方法是将前发酵醪用酒泵移入后发酵罐进行发酵。前发酵罐和后发酵罐应分别安放在前、后发酵室内，用酒泵进行输送。后发酵室温应比前发酵低，常在 18℃以下，后发酵醪品温控不得超过 18℃，以防止后发酵过程中发生升酸现象。

五、抑制式发酵和大接种量发酵

半甜型米酒（善酿酒、惠泉酒）、甜型米酒（香雪酒、封缸酒）要求保留较高的糖分和其他成分，采用以酒代水的方法酿制。

酒精既是酵母的代谢产物，又是酵母的抑制剂，当酒精含量超过 5％时，随着酒精含量的提高，抑制作用愈加明显，在同等条件下，淀粉糖化酶所受的抑制相对要小。配料时以酒代水，使酒醪在开始发酵时就有较高的酒精含量，对酵母形成一定的抑制作用，使发酵速度减慢甚至停止，使淀粉糖化形成的糖分（以葡萄糖为主）不能顺利地让酵母转化为酒精；加之配入的陈年酒芬芳浓郁，故而半甜型米酒和甜型米酒不但残留的糖分较多，口味醇厚甘甜，而且具有特殊的芳香。这就是抑制式发酵生产米酒。

1. 利用抑制式发酵生产半甜型米酒

绍兴善酿酒是半甜型米酒的代表，要求成品酒的含糖量在 3％～10％之间，它是采用摊饭法酿制而成。在米饭落缸时，以陈年元红酒代水加入，故而发酵速度缓慢，发酵周期延长。为了维持适当的糖化发酵速度，配料中增加块曲和酒母的用量，并且添加酸度为0.3～0.5g/100mL 的浆水，用以强化酵母营养与调和酒味。由于开始发酵时酒醪中已有6%以上的酒精含量，酵母的生长繁殖受到阻碍，发酵进行得较慢。要求落缸品温一般在30~31℃，并做好保温工作，常被安排在不太冷的时候酿制。

米饭落缸后20h左右，随着糖化发酵的进行，品温略有升高，便可开耙。耙后品温可下降4~6℃，应该注意保温，又过十多个小时，品温恢复到30~31℃，即开二耙，以后再继续发酵数小时开三耙，并开始做好降温措施。此后要注意捣冷耙降温。避免发酵太老，糖分降低太多。一般发酵3~4天，便灌醪后发酵，经过70天左右可榨酒。

2. 应用大接种量方法生产半甜型米酒

惠泉酒是半甜型米酒，它是利用新工艺大罐发酵生产而成。原料糯米经精米机精白后，用气力输送分选，整粒精白米入池浸渍达到标准浸渍度，经淘洗后进入连续蒸饭机蒸煮，冷却，米饭落罐时，配入原料米重120%的陈年糯米酒、4%的远年糟烧酒或高纯度酒精、18%的麦曲（加强糖化作用）及经48h发酵的江苏老酒醅1/2罐，相当于酒母接种量达到100%，在大罐中进行糖化发酵4天，然后用空气将醪液压入后发酵大罐，后发酵36天左右，检验符合理化指标后，进行压榨、消毒、包装，贮存3年以上即为成品酒。

该工艺中，加曲量增加主要为了提高糖化能力，以便使淀粉尽量转化为糖分。考虑到当醪液酒精含量超过6%时，酵母难以繁殖，因此，采用高比例酒母接种，使酵母在开始发酵时就具有足够的浓度，保证缓慢发酵的安全进行，维持一定的发酵速度，这是既节约又保险的措施。同样，酵母的发酵受到酒精的抑制作用，使酒醪中残存下部分糖分。采用陈年糯米米酒和少量糟烧，一方面为了使酒醅在发酵开始时就存在一定含量的酒精，另一方面也给米酒增加色、香、味，使惠泉酒呈黄褐色，香气芬芳馥郁，甘甜爽口有余香。

3. 甜型米酒的抑制式发酵

含糖分在10%以上的米酒称为甜型米酒。甜型米酒一般都采用淋饭法酿制，即在饭料中拌入糖化发酵剂，当糖化发酵到一定程度时，加入 40%～50% 的白酒，抑制酵母菌的发酵作用，以保持酒醅中有较高的含糖量。同时，由于酒醅加入白酒后，酒精含量较高，不致被杂菌污染，所以，生产不受季节的限制。甜型米酒的抑制性发酵作用比半甜型米酒的更强烈，酵母的发酵作用更加微弱，故保留的糖分更多，酒液更甜。

香雪酒是甜型米酒的一种，它首先采用淋饭法制成酒酿，再加麦曲继续糖化，然后加入白酒（酒糟蒸馏节）浸泡，再经压榨、煎酒而成。酿制香雪酒时，关键是蒸饭要达到熟透不糊，酿窝甜液要满，窝内添加麦曲（俗称窝曲）和投酒必须及时。

首先，米饭要蒸熟，糊化透，吸水要多，以利于淀粉被糖化为糖分，但若米饭蒸得太糊太烂，不但淋水困难，搭窝不疏松，影响糖化菌生长繁殖，而且糖化困难，糖分形成少。窝曲是为了补充淀粉糖化酶量，加强淀粉的继续糖化，同时也赋予酒液特有的色、香、味。窝曲后，为防止酒醅中酵母大量繁殖并形成强烈的酒精发酵，造成糖分消耗，所以，在窝曲糖化到一定程度时，必须及时投入白酒来提高酒醅的酒精含量，强烈抑制酵母的发酵作用。白酒投入一定要适时，一般掌握在酿窝糖液满至 90%，糖液口味鲜甜时，投入麦曲，充分拌匀，保温糖化 12～14h，待固体部分向上浮起，形成醅盖，下面积聚 10 多厘米醅液时，便可投入白酒，充分搅拌均匀，加盖静置发酵 1 天，即灌醅转入后发酵。白酒投入太早，虽然糖分会高些，但是麦曲中酶的分解作用没能充分发挥，使醅醪黏厚，造成压榨困难，出酒率降低，酒液生麦味重等弊病；白酒添加太迟，则酵母的酒精发酵过度，糖分消耗太多，酒的鲜味也差，同样影响成品质量。所以，要选择糖化已进行得差不多，酵母已开始进行酒精发酵，其产生的二氧化碳气已能使固体醅层上浮，而还没进入旺盛的酒精发酵时投入白酒，迅速抑制酵母菌的发酵作用，使醅液残留较高的糖分。

香雪酒的后发酵时间长达 4～5 个月之久。在后发酵中，酒精含量会稍有下降，因为酵母的酒精发酵能力被抑制得很微弱或处于停滞状态，而后发酵时酒精成分仍稍有挥发，致使酒精含量略有降低。后发酵中，淀粉酶的糖化作用虽被钝化，但并没全部破坏，淀粉水解为糖分的生化反应仍在缓慢地进行，故而糖度、酸度仍有增加。酒醪中的酵母总数在后发酵前半时期仍有 1×10^8 个/mL 左右，细胞芽生率在 $5\% \sim 10\%$，这充分表明米酒酵母具有较强的耐酒精能力。

经后发酵后，酒液中的白酒气味已消失，各项理化指标已合格时，便进行压滤。由于甜型米酒酒精含量、糖度都较高，无杀菌必要，但煎酒可以凝结酒液中存在的胶体物质，使之沉淀，维持酒液的清澈透明和酒体的稳定性。所以，可进行短时间杀菌。

六、压滤

压滤操作包括过滤和压榨两个阶段。压滤以前，首先应该检测后发酵酒醪是否成熟，以便及时处理，避免发生"失榨"现象。

1. 酒醪成熟的检测

酒醪的成熟与否，可以通过感官检测和理化分析来鉴别。

（1）酒色　成熟的酒醪应糟粕完全下沉，上层酒液澄清透明，色泽黄亮。若色泽淡而混浊，说明成熟不够或已变质。如酒色发暗，有熟味，表示由于气温升高而发生"失榨"现象，即没有及时压滤。

（2）酒味　成熟的酒醪酒味较浓，爽口略带苦味，酸度适中，如有明显酸味，表示应立即搭配压滤。

（3）酒香　应有正常的酒香气而无异杂气味。

（4）理化检测　成熟的酒醪，通过化验酒精含量已达指标并不再上升，酸度在 0.4% 左右，并开始略有升高的趋势时，经品尝，基本符合要求，可以认为酒醪已成熟，即可压滤。

2. 压滤的基本原理和要求

米酒酒醪具有固体部分和液体部分密度接近，黏稠成糊状，滤饼是糟板需要回收利用，因而不得添加助滤剂，最终产品是酒液等特点。它不能采用一般的过滤、沉降方法取出全部酒液，必须采用过滤和压榨相结合的方法来完成固、液的分离。

米酒醅的压滤过程一般分为两个阶段，开始酒醅进入压滤机时，由于液体成分多，固体成分少，主要是过滤作用，称为"流清"。随着时间延长，液体部分逐渐减少，酒糟等固体部分的比例增大，过滤阻力愈来愈大，必须外加压力，强制地把酒液从黏湿的酒醅中榨出来，这就是压榨或榨酒阶段。

无论是过滤还是压榨过程，酒液流出的快慢基本符合过滤公式，即液体分离流出速度与滤液的可透性系数、过滤介质两边的压差及过滤面积成正比，而与液体的黏度、过滤介质厚度成反比。因此，在酒醅压滤时，压力应缓慢加大，才能保证滤出的酒液自始至终保持清亮透明，故米酒的压滤过程需要较长的时间。

压滤时，要求滤出的酒液要澄清，糟板要干燥，压滤时间要短。要达到以上要求，必须做到以下几点。

① 过滤面积要大，过滤层薄而均匀。

② 滤布选择要合适，既要流酒爽快，又要使糟粕不易粘在滤布上，要求糟粕易于和滤布分离。另外要考虑吸水性能差，经久耐用等。在传统的木榨压滤时，都采用生丝绸袋，而现在的气膜式板框压滤机，常使用36号锦纶布作滤布。

③ 加压要缓慢。不论何种形式的压滤，开始时应让酒液依靠自身的重力进行过滤，并逐步形成滤层，待清液流速因滤层加厚、过滤阻力加大而减慢时，才逐级加大压力，避免加压过快。最后升压到最大值，维持数小时，将糟板榨干。

3. 压滤设备

米酒压滤传统利用笨重的杠杆式木榨床，目前已普遍采用气膜式板框压滤机，该机由机体、液压两部分组成。机体两端由支架和固定封头定位，靠滑杆和拉杆连为一体。滑杆上安放59片滤板及一个活动封头，由油泵电动换向阀和油箱管道油压系统所组成。压滤板数共59片（或75片），其中滤板数为30片，压板数为29片。

滤板直径 820mm，有效过滤直径为 757mm，每片过滤面积为 0.9m²，滤框容积为 0.33m³，每台总进醅量为 2.5t，操作压力 0.686~0.784MPa，压滤机最大推力 16.5t，活塞顶杆最大行程 210mm，单机每 12h 滤出酒液 1.35~1.4t，滤饼含湿量<50%。以上是 BKAY54/820 型压滤机的特性，只要生产能力确定，可以选择使用不同型号的压滤机。

七、澄清

压滤流出的酒液称为生酒，应集中到澄清池（罐）内让其自然沉淀数天，或添加澄清剂，加速其澄清速度，澄清的目的如下。

① 沉降出微小的固形物、菌体、酱色中的杂质。

② 让酒液中的淀粉酶、蛋白酶继续对高分子淀粉、蛋白质进行水解，变为低分子物质。例如糖分在澄清期间，每天可增加 0.028%左右的糖分，使生酒的口味由粗辣变得甜醇。

③ 澄清时，挥发掉酒液中部分低沸点成分，如乙醛、硫化氢、双乙酰等，可改善酒味。

经澄清沉淀出的"酒脚"，其主要成分是淀粉糊精、纤维素、不溶性蛋白、微生物菌体、酶及其他固形物质。

在澄清时，为了防止发生酒液再发酵出现泛浑及酸败现象，澄清温度要低，澄清时间也不宜过长，一般在 3 天左右。澄清设备可采用地下池，或在温度较低的室内设置澄清罐，以减少气温波动带来的影响。要认真搞好环境卫生和澄清池（罐）、输酒管道的消毒灭菌工作，防止酒液染菌生酸。每批酒液出空后，必须彻底清洗灭菌，避免发生上、下批酒之间的杂菌感染。经数天澄清，酒液中大部分固形物已被除去，可能某些颗粒极小，质量较轻的悬浮粒子还会存在，仍能影响酒液的清澈度，所以，澄清后的酒液还需通过棉饼、硅藻土或其他介质的过滤，使酒液透明光亮，现代酿酒工业已采用硅藻土粗滤和纸板精滤来加快酒液的澄清。

八、煎酒

把澄清后的生酒加热煮沸片刻，杀灭其中所有的微生物，以便于贮存、保管，这一操作过程称为"煎酒"。

1. 煎酒目的

① 通过加热杀菌，使酒中的微生物完全死亡，破坏残存酶的活性，基本上固定米酒的成分。防止成品酒的酸败变质。

② 在加热杀菌过程中，加速米酒的成熟，除去生酒杂味，改善酒质。

③ 利用加热过程促进高分子蛋白质和其他胶体物质的凝固，使米酒色泽清亮，提高米酒的稳定性。

2. 煎酒温度选择

目前各厂的煎酒温度均不相同，一般在85℃左右。煎酒温度与煎酒时间、酒液pH和酒精含量的高低都有关系。如煎酒温度高，酒液pH低，酒精含量高，则煎酒所需的时间可缩短，反之，则需延长。

煎酒温度高，能使酒的稳定性提高，但随着煎酒温度的升高，酒液中尿素和乙醇会加速形成有害的氨基甲酸乙酯。据测试，氨基甲酸乙酯主要在煎酒和贮存过程中形成。煎酒温度愈高，煎酒时间愈长，则形成的氨基甲酸乙酯愈多（表2-4）。

表2-4　米酒煎酒温度和时间对氨基甲酸乙酯形成的影响

煎酒温度/℃	90			80			70		
煎酒时间/min	10	20	30	10	20	30	10	20	30
氨基甲酸乙酯/(ng/L)	49.1	51.3	94.8	27.2	33.6	34.4	17.9	20.1	20.2

注：米酒试样中尿素含量为60mg/L。

同时，由于煎酒温度的升高，酒精成分的挥发损耗加大，糖和氨基化合物反应生成的色素物质增多，焦糖含量上升，酒色会加深。因此，在保证微生物被杀灭的前提下，适当降低煎酒温度是可行的。这样，可使米酒的营养成分不致破坏过多，生成的有害副产物也可减少。日本清酒仅在 60℃下杀菌 2～3min。我国米酒的煎酒温度普遍在 83～93℃，要比清酒高得多。在煎酒过程中，酒精的挥发损失为 0.3%～0.6%，挥发出来的酒精蒸气经收集、冷凝成液体，称作"酒汗"。酒汗香气浓郁，可用作酒的勾兑或甜型米酒的配料。

3. 煎酒的设备

常采用蛇管、套管、列管或薄板等换热器作为米酒的煎酒设备。目前，大部分米酒厂已开始采用薄板换热器进行煎酒，薄板换热器高效卫生，如果采用两段式薄板热交换器，还可利用其中的一段进行热酒冷却和生酒的预热，充分利用热量。

要注意煎酒设备的清洗灭菌，防止管道和薄板结垢，阻碍传热，甚至堵塞管道，影响正常操作。

九、包装

灭菌后的米酒，应趁热灌装，入坛贮存。因酒坛具有良好的透气性，对米酒的老熟极其有利。米酒灌装前，要做好酒坛的清洗灭菌，检查是否渗漏。米酒灌装后，立即扎紧封口，以便在酒液上方形成一个酒气饱和层，使酒气冷凝液回到酒液里，造成一个缺氧、近似真空的保护空间。

传统的绍兴米酒，常在封口后套上泥头，用来隔绝空气中的微生物，使其在贮存期间不能从外界侵入酒坛内，并便于酒坛的堆积贮存，减少占地面积。目前部分泥头已用石膏代替，使米酒包装显得卫生美观。

十、米酒的贮存

新酒成分的分子排列紊乱，酒精分子活度较大，很不稳定，其口味粗糙欠柔和，香气不足，缺乏协调，必须经过贮存，促使米酒老熟，因此，常把新酒的贮存过程称为"陈酿"。普通米酒要求陈酿 1 年，名优米酒要求陈酿 3～5 年。经过贮存，米酒的色、香、味及其他成分都会发生变化，酒体变得醇香绵软，口味协调，在香气和口味各方面与新酒大不一样。

1. 米酒贮存过程中的变化

（1）色的变化　通过贮存，酒色加深，这主要是酒中的糖分和氨基化合物（以氨基酸为主）相结合，发生氨基-羰基反应，形成类黑精所致。酒色变深的程度因米酒的含糖量、氨基酸含量、pH值高低而不同。甜型米酒、半甜型米酒因含糖分多而色泽容易加深；加麦曲的酒，因蛋白质分解力强，代谢的氨基酸多而比不加麦曲的酒的色泽深；贮存时温度高，时间长，酒液 pH 高，酒的色泽也就深。贮存期间，酒色加深是老熟的一个标志。

（2）香的变化　米酒的香气是酒液中各种挥发性成分对嗅觉的综合反应。米酒香气主要在发酵过程中产生，酵母菌的酯化酶催化酰基辅酶 A 与乙醇作用，形成各种酯类物质，如乙酸乙酯、乳酸乙酯、琥珀酸乙酯等。另外，在发酵过程中，除产生乙醇外，还形成各种挥发性和非挥发性的代谢副产物，包括高级醇、醛、酸、酮、酯等，这些成分在贮存过程中，发生氧化反应、缩合反应、酯化反应，使米酒的香气趋向调和，得到加强。其次，原料和麦曲也会增加某些香气。大曲在制曲过程中，经历高温化学反应阶段，生成各种不同类型的氨基羰基化合物，带入米酒中去，增添了米酒的香气。在贮存阶段，酸类和醇类也能发生缓慢的化学反应，使酒的香气增浓。

（3）味的变化　米酒的味是各种呈味物质对味觉器官的综合反应，有甜、酸、苦、辣、涩。新酒的刺激辛辣味，主要是由酒精、高级醇、乙醛、硫化氢等成分所构成。糖类、甘油等多元醇及某些氨基酸构成甜味；各种有机酸，部分氨基酸形成酸味；高级醇、酪醇等形成苦味；乳酸含量过多有涩味，经过长期陈酿，酒精、醛类的氧化，乙醛的缩合，醇酸的酯化，酒精及水分子的缔合，以及各种复杂的物理化学变化，使酒的口味变得醇厚柔和，诸味协调，恰到好处。

但米酒贮存不宜过长，否则，酒的损耗加大，酒味变淡，色泽过深，焦糖的苦味增强，使米酒过熟，质量降低。

（4）氧化还原电位和氨基甲酸乙酯的变化　氧化还原电位随着贮存时间的延长而提高，主要是由于贮存过程中，还原性物质被氧化所致。根据酒的种类、贮酒的条件、温度的变化，掌握适宜的贮存期，保证米酒色、香、味的改善，又能防止有害成分生成过多。

2. 米酒的大容器贮存

传统的米酒以陶坛为贮酒容器。陶坛的装液量少，每坛装酒 25kg 左右，并且坛和酒的损耗较高，平均每年为 2％～4％ 之间，一个年产 1 万吨的米酒厂，每年至少需要 40 多万只酒坛和 14300m^2 的仓库面积。名优米酒要贮存 3 年，方能销售，占用的酒坛和仓库场地就更多。由于酒坛经不起碰撞，难以实现机械化操作，很不适应米酒生产发展的需要。因此，采用大容器贮酒已成为必然趋势。它既能减少酒损，节省仓库用地，实现机械化操作，又能方便地排除贮酒过程中析出的酒脚，有利于提高酒的质量。

目前，米酒贮罐的单位容量已发展到 50t 左右，比陶坛的容积扩大近 2000 倍。米酒大罐贮存的关键问题是在保证口味正常的前提下，防止酒的酸败，在长时间贮存中，要求酒的酸度仅有较小的变化。要达到以上要求，必须注意以下几点。

（1）灭菌　贮罐、管道、输酒设备应严格杀菌，保证无菌。日本清酒的大罐贮存，采用 H_2O_2 进行空罐消毒。国内米酒厂常用蒸汽灭菌，灭菌时要特别注意死角和蒸汽冷凝水的排除。米酒的煎酒温度一般控制在 85℃，维持 15～30min。

（2）进罐　煎酒后，可采用热酒进罐，起到再杀菌的作用。也可在进罐以前，将酒温预先冷却到 63～65℃，再把酒送入大罐，这样既使酒保持无菌状态，又避免酒在高温下停留太久而风味变差。

（3）降温　酒充满贮罐容积的 95％ 左右后，应立即封罐，并迅速降温，为避免罐内产生负压，可边降温边向酒液上方空间补充无菌空气，维持罐内压力和保证无菌状态。降温速度要快，使酒的风味不致变坏。也可在灌酒结束时，添加部分高度白酒于米酒表层，起到盖面的保护作用，保证在较低温度下贮存，防止微生物污染。

（4）贮罐材料 可用不锈钢或碳钢涂树脂衬里进行制作。生产实践证明，使用生漆或过氯乙烯为涂料，对米酒质量影响不大。生漆能耐温150℃，可经受蒸汽灭菌。贮罐在涂料后，必须进行干燥，用水清洗，直到没有异味才能投入使用。

（5）检测 大罐贮酒过程中，要加强检测化验，一旦发现不正常情况，要及时采取措施，以免造成重大损失。实践证明，大罐贮酒，只要设备、工艺设计合理，贮存后的米酒质量，风味均与陶坛贮存相似，并发现，在各个贮罐中，一般上部的酒质比中、下部的好。根据这一特点，可以灌装出不同质量的名优酒产品，以利于提高经济效益。

第二节 米酒生产实例

一、善酿酒

善酿酒又叫双套酒，在1890年绍兴沈永和酒坊首次试制成功，当时工人从双套酱油得到启发，根据酱油代替水制造母子酱油的原理，创造了用酒代水酿酒的方法。善酿酒是一种半甜味酒，因为需要2～3年的陈元红酒代替水，其成本较高，出酒率较低和资金周转慢，所以产量少，是一种高级的饮料酒。此酒的口味香甜醇厚，并且有独特的风味，可与优质的甜葡萄酒相媲美。

1. 原料配方

糯米144kg，麦曲25kg，浆水50kg，淋饭酒母15kg，陈元红酒100kg。

2. 工艺流程

糯米→淘洗→浸米→蒸饭→淋饭→拌料（加麦曲、酒母）→入罐→发酵→压榨→澄清→灭菌→贮存→过滤→成品

3. 操作要点

善酿酒的操作与元红酒差不多，其区别是由于落缸时加入了大量的陈元红酒，醪液的酒精已达 6％以上，酵母的生长繁殖受到阻碍，发酵速度较慢，糖分也消化不了，整个发酵过程中，糖分始终在 7％以上。为了在开始促进酵母的繁殖和发酵作用，要求落缸温度比元红酒提高 1～2℃，并需加强保温工作。

此外，由于酒精的增加缓慢，发酵时间长达 80 天左右。压榨时，因为醪液黏厚，压榨的时间也需延长。

二、沉缸酒

沉缸酒是福建省龙岩市的一种名酒，它的生产方法和绍兴香雪酒有些类似，也是采用淋饭法先进行糖化发酵，然后再在中途掺入米烧酒而酿成的甜味酒。沉缸酒的特点是香甜可口，比一般的甜米酒更有黏稠感觉，并且饮后余味绵长。

1. 原料配方

糯米 40kg，药曲 0.186kg，厦门白曲 0.065kg，红曲 2kg，53度米烧酒 34kg。

2. 工艺流程

糯米→淘洗→浸米→蒸饭→淋饭→拌料（加麦曲、酒母）→入罐→发酵→压榨→澄清→煎酒→贮存→过滤→成品

3. 操作要点

米烧酒分两次加入，这与一般甜米酒的生产不同。开始时米烧酒加得少，这样有利于糖化和发酵的继续进行，并用以控制温度和防止酸度增加过大。经几天发酵后，把余下的米烧酒加入，使达到规定的酒度和将醪液中的糖分基本上固定下来。具体操作是当窝内甜液满到五分之三时，就加入红曲和 17.6％的 53 度米烧酒（即每缸 6kg），进行 3～4 天的糖化以后，再加入其余的 82.4％的 53 度米烧酒（即每缸 28kg），静置养醅 50～60 天，经压榨、煎酒和装坛密封贮存后，即为成品。

三、玉米米酒

1. 原料配方

玉米糁子 90kg，大米 10kg，麦曲 10kg，酒母 10kg。

2. 工艺流程

玉米→去皮、去胚→破碎→淘洗→浸米→蒸饭→淋饭→拌料（加麦曲、酒母）→入罐→发酵→压榨→澄清→灭菌→贮存→过滤→成品

3. 操作要点

（1）玉米糁子制备　因玉米粒比较大，蒸煮难以使水分渗透到玉米粒内部，容易出生芯，在发酵后期容易被许多致酸菌作为营养源而引起酸败。玉米富含油脂，是酿酒的有害成分，不仅影响发酵，还会使酒有不快之感，而且产生异味，影响米酒的质量。因此，玉米在浸泡前必须除去玉米皮和胚。

要选择当年的新玉米为原料，经去皮、去胚后，根据玉米品种的特性和需要，粉碎成玉米糁子，一般玉米糁子的粒度约为大米粒度的一半。粒度太小，蒸煮时容易黏糊，影响发酵；粒度太大，因玉米淀粉结构致密坚固不易糖化，并且遇冷后容易老化回生，蒸煮时间也长。

（2）浸米　浸米的目的是为了使玉米和大米中的淀粉颗粒充分吸水膨胀，淀粉颗粒之间也逐渐疏松起来。如果玉米糁子浸不透，蒸煮时容易出现生米，浸泡过度，玉米糁子又容易变成粉末，会造成淀粉的损失，所以要根据浸泡的温度，确定浸泡的时间。因玉米糁子质地坚硬，不易吸水膨胀，可以适当提高浸米的温度，延长浸米时间，一般需要 4 天左右。

（3）蒸饭　对蒸饭的要求是，达到外硬内软、无生芯、疏松不糊、透而不烂和均匀一致。因玉米中直链淀粉含量高，不容易蒸透，所以蒸饭时间要比糯米适当延长，并在蒸饭过程中加一次水。若蒸得过于糊烂，不仅浪费燃料，而且米粒容易粘成饭团，降低酒质和出酒率。因此饭蒸好后应是熟而不黏，硬而不夹生。

（4）冷却　蒸熟的米饭，必须经过冷却，迅速地将温度降到适合于发酵微生物繁殖的温度。冷却要迅速而均匀，不产生热块。冷却有两种方法，一种是摊饭冷却法；另一种是淋饭冷却法。对于玉米原料来说，采用淋饭法比较好，降温迅速，并能增加玉米饭的含水量，有利于发酵菌的繁殖。

（5）拌料　冷却后的玉米碴子饭放入发酵罐内，再加入水、麦曲、酒母，混合均匀。

（6）发酵　发酵分主发酵和后发酵两个阶段。主发酵时，米饭落罐时的温度为 26～28℃，落罐 12h 左右，温度开始升高，进入主发酵阶段，此时必须将发酵温度控制在 30～31℃，主发酵一般需要 5～8 天的时间。经过主发酵后，发酵趋势减缓，此时可以把酒醪移入后发酵罐进行后发酵。温度控制在 15～18℃，静置发酵 30 天左右，使残余的淀粉进一步糖化、发酵，并改善酒的风味。

（7）压榨、澄清、灭菌　后发酵结束，利用板框式压滤机把米酒液体和酒糟分离开来，让酒液在低温下澄清 2～3 天，吸取上层清液并经棉饼过滤机过滤，然后送入热交换器灭菌，杀灭酒液中的酵母和细菌，并使酒液中的沉淀物凝固而进一步澄清，也使酒体成分得到固定。灭菌温度为 70～75℃，时间为 20min。

（8）贮存、过滤、包装　灭菌后的酒液趁热灌装，并严密包装，入库陈酿一年，再过滤去除酒中的沉淀物，即可包装成为成品酒。

四、糜子米酒

1. 原料配方
糜子（黍米）100kg，大米 200kg，麦曲 7.5kg，酒母 10kg。

2. 工艺流程
黍米→洗涤→烫米→散凉→浸渍→煮糜→散凉拌曲→加酒母→发酵→压榨→澄清→成品

3. 操作要点

（1）烫米　因黍米颗粒小而谷皮厚，不易浸透，所以黍米洗净后先用沸水烫 20min，使谷皮软化开裂，便于浸渍。

（2）浸渍　烫米后待米温降到 44℃ 以下，再进行浸米。若直接把热黍米放入冷水中浸泡，米粒会"开花"，使部分淀粉溶于水中而造成损失。

（3）煮糜　浸米后直接用猛火熬煮，并不断地搅拌，使黍米淀粉糊化并部分焦化成焦黄色。

（4）糖化发酵　将煮好的黍米和大米放在木盆（或铝盘）中，摊凉到 60℃，加入麦曲（块曲），充分拌匀，堆积糖化 1h，再把品温降至 28～30℃，接入固体酒母，拌匀后落缸发酵。落缸的品温根据季节而定。总周期约为 7 天。再经过压榨、澄清、过滤和装瓶即为成品。

五、红薯米酒

1. 原料配方

鲜红薯 40kg，糯米 10kg，大曲（或酒曲）7.5kg，花椒、小茴香、陈皮、竹叶各 100g。

2. 工艺流程

选料蒸煮→加曲配料→发酵→压榨→装存

3. 操作要点

（1）选料蒸煮　选含糖量高的新鲜红薯，用清水洗净晾干后在锅中煮熟。糯米蒸熟蒸透。

（2）加曲配料　将煮熟的红薯倒入缸内，与糯米一起搅成泥状，然后将花椒、小茴香、竹叶、陈皮等调料，兑水 22kg 熬成调料水冷却，再与压碎的曲粉相混合，一起倒入装有红薯泥的缸内，搅成稀糊状。

（3）发酵　将装好配料的缸盖上塑料布，并将缸口封严，然后置于温度为 25～28℃ 的室内发酵，每隔 1～2 天搅动一次。薯浆在发酵中有气泡不断溢出。当气泡消失时，还要反复搅拌，直至搅到有浓厚的米酒味，缸的上部出现清澈的酒汁时，将发酵缸搬到室外，使其很快冷却。这样制出的米酒不仅味甜，而且口感好，否则，制出的米酒带酸味。也可在发酵前，先在缸内加入 1.5～2.5kg 白酒作酒底，然后再将料倒入。发酵时间长短不仅和温度有关，而且和酒的质量及数量有直接关系。因此，在发酵中要及时掌握浆料的温度。

（4）过滤压榨　先把布口袋用冷水洗净，把水拧干，然后把发酵好的料装入袋中，放在压榨机上挤压去渣。挤压时，要不断地在料浆中搅戳以压榨干净。有条件的可利用板框式压滤机将米酒液体和酒糟分离。然后将滤液在低温下澄清 2～3 天，吸取上层清液，在 70～75℃保温 20min，目的是杀灭酒液中的酵母和细菌，并使酒中沉淀物凝固而进一步澄清，也让酒体成分得到固定。待米酒澄清后，便可装入瓶中或坛中封存，入库陈酿 1 年。

六、干型米酒

浙江某酒业公司采用液化法生产出了干型米酒产品。以下作简要介绍。

1. 工艺流程

原料要求→粉碎→液化→冷却→投料→添加麦曲→添加酵母→主发酵→后发酵→成品酒

2. 操作要点

（1）原料要求　原料要求以晚籼米筛出的碎米，水分 14％以下，精白无黄粒。

（2）原料粉碎　采用啤酒用米粉碎系统进行干法粉碎，细度40～60 目。

（3）液化　利用啤酒厂糖化设备，投料 3500kg，料水比 1∶2，投料温度 50℃，α-淀粉酶用量 30U/g 大米，其中投料时加 5U/g 大米，升温至 60℃时加 25U/g 大米，石膏 250g/t 大米，用磷酸调

pH 值为 5.8～6.0。液化工艺为：50℃投料并加入淀粉酶（10min）→65℃加淀粉酶（1℃/min）→68℃→升温（1℃/min）→80℃→100℃（10～20min）。

（4）冷却 采用螺旋式换热器，用 2～4℃冰水冷媒进行冷却。物料从 100℃下降至 25～30℃即为投料温度。

（5）投料 发酵罐容量 40m³，分两次投料。首次液化液 5.25t，经冷却后通过输送管道泵入发酵罐，入罐时物料温度 24～27℃。第二次投料在第一次投料 24h 后进行。

（6）添加麦曲 麦曲用量为原料量的 5%，第一次投料和第二次投料时各添加 2.5%，添加时用空气搅拌使之混合均匀。

（7）添加酒母 成熟酒母含酵母数在 1.5×10^8 个/mL 以上。酒母量为原料量的 8%～10%，第一次投料和第二次投料时各添加 4%～8%，添加时搅拌均匀。

（8）主发酵 主发酵温度 27～30℃，最高温度不得超过 32℃，主发酵时间 4～5 天。主发酵期间，每隔 8h 通风搅拌 10min，主发酵结束时，酒精含量 15.5%～17.0%，酸度 5.0～6.5g/L。

（9）后发酵 后发酵温度控制在 15～25℃，后发酵时间 15～20 天。

（10）成品酒质量 酒精（20℃，体积分数）为 16%，总酸（以乳酸计）5.9g/L，总糖（以葡萄糖计）3.6g/L，非糖固形物 32g/L，pH 4.0。

七、黑糯米酒

1. 工艺流程

选米→洗米→浸泡→蒸饭→摊凉→拌曲（米曲粉碎、过筛）→糖化、发酵→调配（加白砂糖、水、柠檬酸、食用酒精）→过滤→杀菌→灌装→封盖→成品

2. 操作要点

（1）选米 黑糯米 100 份、米曲 8 份、水适量、白砂糖 10 份、

柠檬酸 3 份。选用新鲜、无霉变的黑糯米，如果用当年的新米更好。黑糯米糊粉层含脂肪较多，贮存时间长了，脂肪会变质，产生油哈味，会影响米酒风味。

（2）洗米　用清水冲去米粒表层附着的糠和尘土，洗到淋出的水清为度，同时除去细沙石等杂物。

（3）浸泡　目的是使米中的淀粉充分吸水膨胀，使淀粉颗粒之间的连接疏松，便于蒸煮糊化。浸泡时间为 2～3 天，由于黑糯米皮层较厚，吸水性较差，冬天可适当提高水温。以米粒用手指捏成粉状，无硬心为准。米吸水要充分，水分吸收量为 25%～30%。米泡不透，蒸煮时易出现生米；米浸得过度而变成粉米，会造成淀粉的损失。

（4）蒸饭　使黑糯米的淀粉受热吸水糊化，或使米的淀粉结晶构造破坏而糊化，易受淀粉酶的作用并有利于酵母菌的生长，同时也进行了杀菌。蒸饭为常压下进行两次蒸煮，目的是使糯米饭蒸熟蒸透。第一次是蒸至上大汽 10min 后停火，打开蒸箱盖搅动一下饭，洒一些水再蒸至上大汽后 30min 即可。要求达到外硬内软，内无白心，疏松不糊，透而不烂和均匀一致，不熟和过烂都不行。

（5）摊凉　用杀过菌的冷开水淋饭降温，此法特别适合夏天操作，其缺点是米饭中的可溶性物质被淋水带走流失；或是自然摊凉，将米饭摊开，进行自然冷却，其缺点是占用面积大、时间长、易受杂菌侵袭和不利于自动化生产。

（6）拌曲　将制好的曲碾成粉状，过 60 目筛后，拌进摊凉的米饭中。要求拌匀，加入量一般为用米量的 5%～10%。

（7）糖化　将拌了曲的饭投入洗净的发酵缸中，量为大半缸，把饭搭成喇叭状，松紧适度，缸底窝口直径约 10cm，再在饭层表面撒少许酒药粉末。搭窝后，用竹片轻轻敲实，以不会塌落为准。最后用缸盖盖上，缸外面用草席围住保温。经 36～48h，饭粒上白色的菌丝黏结起来，饭粒软化并产生特有的酒香。这时，甜酒液充满饭窝的 80%。

（8）发酵　此时可将缸盖打开倒进冷开水，淹没糖化醅，用干净的竹片搅动一下糖化醪，此时醪温为 20～24℃，盖上缸盖让醪液发酵。一般发酵 10～15 天，其间每隔 10～20h 开盖搅拌一次，控制品温在 30℃ 以下，同时也可增加供氧量，有利于酵母菌发酵活动进行，抑制乳酸菌生长。15～20 天后观察醪盖下沉即可停止发酵。此时酒度为 12%～15%。

（9）制糖浆　将白砂糖、柠檬酸分别投入 90℃ 软化调配水中制成 60% 的糖浆备用。

（10）调配　将发酵上清液虹吸出，放入调配罐，用糖浆调整发酵液糖分为 10%，酸度为 0.45%，再用食用酒精将发酵液酒度调至 17%，盖上盖子搅拌 10min 混匀。

（11）过滤　调配好的酒液通过硅藻土过滤机过滤即得清亮酒液。

（12）杀菌、灌装　采用列管式热交换器杀菌。杀菌温度为 85～90℃，杀菌时间 25～30min。经杀菌后，酒度降低 0.3%～0.6%，在调配时应考虑到这个损耗，所以酒度可适当调高一点。杀菌后可趁热灌装、封盖。

（13）成品　将封盖好的酒放在冷凉处，贮存 3 个月以上即可上市。

八、灵芝精雕酒

1. 工艺流程

糯米→筛米→浸米→蒸饭→糖化、发酵（加麦曲、水、酒母、灵芝提取物、低聚糖等）→后酵→压榨→澄清→杀菌→贮存→过滤→灌装→杀菌→成品酒→入库

2. 操作要点

（1）筛米　将糯米中的米糠及泥沙等杂质进行分离，以提高米的精白度，确保酒质。

（2）浸米　糯米经分筛机后，入浸米池，24℃ 浸泡 24～48h。

（3）蒸饭　浸好的米进入连续卧式蒸饭机，以 98kPa 蒸汽蒸

15～30min。

（4）糖化、发酵　蒸饭冷却后，和麦曲、水、酒母一起进入发酵罐进行糖化、发酵。经48～72h后，加入灵芝提取物、香菇提取物及竹叶提取物。再经96～120h，主发酵结束，此时加入部分低聚糖液。

（5）后酵　控制室温15～18℃，经16～18天敞口发酵，此时视产品质量要求流加陈年绍兴酒及其余糖液。

（6）压榨　酿造完成后主要利用板框式压滤机进行压榨，将酒醅中的酒和糟分离，并调整成分至规定要求。

（7）澄清　由于压榨出来的酒中含有很多微细的固形物，因此压榨后的酒还需静置澄清72～96h，使少量微小的悬浮物沉到酒池底部。

（8）杀菌　澄清后的酒中尚含有一些微生物，包括各种有益菌和有害菌，此外，还有一部分有活力的酶，为便于酒的贮存和保管，酒液采用热交换器进行杀菌，出酒温度控制在85～90℃。

（9）贮存　杀菌后的酒一般存放在已灭菌陶坛中，上覆荷叶、灯盏、箬壳，最后用泥头密封后加以贮存。

（10）过滤、灌装　将贮存后的酒通过勾兑，再经硅藻土和微孔滤膜两道过滤后进行灌装，灌装所用空瓶采用碱液和自来水进行多次清洗。

（11）杀菌　酒液灌瓶后从室温加热至85℃左右维持2～5min，以杀死酒中各类微生物，确保成品酒质量。

（12）成品酒、入库　杀菌后的瓶酒，由公司检测中心抽样检验。检验合格后，出具检验单，然后入库。

九、绍兴加饭酒

1. 原料配方

由于加饭量的增加多寡，习惯上还分成单加饭和双加饭两种，但过去各酒厂对原料配比并无严格的规定，因此品质参差不齐，很难区分。按目前统一的配方，每缸原料的配方如下。

糯米 144kg，麦曲 25kg，浆水 50kg，清水 68.6kg，淋饭酒母 8～9kg，50 度糟烧 5kg。

2. 工艺流程

糯米→淘洗→浸米→蒸饭→淋饭→拌料（加麦曲、酒母）→入罐→发酵→压榨→澄清→杀菌→贮存→过滤→成品

3. 操作要点

（1）由于饭量多，醪液浓厚，主发酵期间品温上升较快，因此，下缸温度要求比元红酒低 2～3℃，同时保温措施亦可减少。此外，为了便于控制发酵温度，可安排在严寒气温时酿制。

（2）主发酵期间较长，须经过 15～20 天，等米粒完全沉至缸底，才灌坛养醪，进行后发酵。在灌坛之前每缸加入 50 度糟烧 5kg 和少量淋饭酒母醪液，以提高酒精浓度及增强发酵力，防止发酵醪酸败。整个发酵期约需 80～90 天。

（3）因醪液浓厚，发酵不完全，形成的糟粕多，压榨困难，压榨的时间一般要比元红酒增加一倍。

十、绍兴香雪酒

香雪酒和善酿酒相似，是用酒来代替水酿制的，不过它用的是陈年糟烧而不是陈元红酒。在操作上香雪酒是采用淋饭法。由于绍兴香雪酒是用甜酒酿加入糟烧酒泡制而成的，其酒精度和糖度高，生产可不受季节性的限制。因天气炎热时适于制造甜酒酿，故一般安排在夏季酿制。香雪酒虽然用糟烧酒代替水酿制的，但经过陈酿后，此酒上口鲜甜醇厚，既不感到白酒的辛辣味，又有绍兴酒特有的浓郁芳香，为国内外消费者所欢迎。

香雪酒主要关键是在糖化适时，即等到糖分积累得多的时候，加入大量的糟烧，抑制了酵母的发酵作用，将醪液中的糖分基本固定下来，而成为酒度和糖度都高的甜酒。

1. 原料配方

糯米 100kg，麦曲 10kg，50 度糟烧 100kg，酒药 0.187kg。

2. 工艺流程

糯米→淘洗→浸米→蒸饭→淋饭→拌料（加麦曲、酒母）→入罐→发酵→压榨→澄清→杀菌→贮存→过滤→成品

3. 操作要点

下缸搭窝以前的操作完全与淋饭酒母相同。搭窝后经过36～48h，圆窝内甜液已满，此时在圆窝内先投入磨碎麦曲，充分拌匀，继续保温促进其糖化，俗称窝曲。再经过24h，糖分已积累很多，就可加入酒度50%的糟烧，用木耙捣匀，然后加盖静置。以后相隔三天捣拌一次，这样经2～3次搅拌，便可用洁净的空缸覆盖，两缸口的衔接处，用荷叶衬垫，并用盐卤、泥土封口。经3～4个月，即可启封榨酒。香雪酒由于含糖量高，酒糟厚，榨酒时间比元红酒长。

香雪酒不加糖色，成品酒为透明金黄色的液体。因酒度和糖度都较高，无杀菌的必要，一般不经杀菌也可装瓶。煎酒的目的仅为了让胶体物质凝结，使酒清澈透明。

十一、乌衣红曲米酒

在浙江省的温州、平阳和金华等地主要生产乌衣红曲米酒。乌衣红曲外观呈黑褐色，是把黑曲霉、红曲霉和酵母等微生物混杂生长在米粒上制成的一种糖化发酵剂。由于乌衣红曲兼有黑曲霉及红曲霉的优点，具有耐酸、耐高温的特点，糖化力也很强，所以乌衣红曲米酒的出酒率为各地米酒所不及。

现将乌衣红曲米酒的酿造特点介绍如下。

1. 工艺流程

大米→浸米→蒸煮→摊凉→拌曲→落缸或下池→糖化发酵→后发酵→榨酒→煎酒→成品

2. 操作要点

（1）由于温州、平阳和金华等地酿造米酒用籼米原料较多，蒸煮很困难，因此都采取先浸米、后粉碎的操作方法。把浸渍2～3

天的米，粉碎成粉末，用甑或蒸饭机把米粉蒸熟，并打散团块和摊凉备用。酿造乌衣红曲米酒时加水量比较多，米粉落缸后不至于黏结成块，反而有利于糖化和发酵的进行。

（2）采用浸曲法培养酒母。一般用五倍于曲重量的清水浸曲，用曲量为原料大米的 10%，浸曲时间为 2~3 天，视气温高低而定。浸曲的目的是将淀粉酶等浸出和使酵母预先繁殖起来，相当于培养酒母。据某厂的经验介绍，掌握浸曲的标准是曲子必须全部浮到液面上来，说明酵母的繁殖旺盛，这样曲就算浸好了。此时加入蒸熟的米粉后，糖化和发酵会进行得很快，做好酒就有了保证。浸曲时为了防止杂菌的生长和有利于酵母的繁殖，应加入适量乳酸调节至 pH4 左右，既可保障酵母的纯培养，又可改善酒的风味。此外，在浸曲时最好能接入纯培养的优良米酒酵母，还要加强浸曲时的分析检查。

（3）由于原料粉碎以后，发酵醪已基本上成为糊状流动液，再加上糖化发酵速度快，醪液稀薄，便于管道输送，为酿造米酒的机械化创造了有利条件。目前，已有不少工厂对工艺设备作了较大的改进，如采用浸米池、连续蒸饭机、大池发酵、酒醪泵和恒温自动控制煎酒器等设备，减轻了劳动强度，并初步实现了生产的机械化。有的厂为了便于控制发酵的温度，还采用了喂饭操作法，对提高出酒率和酒的质量有一定的作用。

十二、大罐酿甜型米酒

甜型米酒由于本身酒度适中，口味鲜甜，质地浓厚，受到广大消费者的喜爱。但传统工艺多采用淋饭法生产，因受场地、季节、气候等因素的影响，产能受到一定限制。20 世纪 90 年代初，绍兴东风酒厂以大米（糯米）、麦曲、酒母及糟烧为主要原料，通过有效控制糖化、发酵进程，生产出了醇香浓郁、甘甜清爽的甜型米酒产品"沉香酒"。沉香酒的酿造关键是落罐投料时加入一定量的白酒，以抑制酵母发酵。该产品生产周期较长，受季节限制少。与绍兴酒中传统产品香雪酒相比，沉香酒具有酒度低、糖度高、香浓味醇、营养丰富的特点。

1. 原料配方

糯米 100kg，块曲（麦曲）8.2kg，糖化曲 3.8kg，酒母 3kg，50％白酒（糟烧）103kg。

2. 工艺流程

糯米→浸米→蒸饭→投料落罐（加糟烧、块曲、酒母）→糖化、发酵→后酵→压榨→过滤→成品

3. 操作要点

（1）浸米、蒸饭　室温 25℃ 条件下浸渍 3～4 天后，用卧式蒸饭机蒸饭。

（2）投料落罐　将饭、块曲、酒母和糟烧按配方量投入发酵罐，控制落罐温度为 30～33℃。

（3）糖化发酵　投料 24h 后开头耙，以后每隔 12h 开一耙，直至压罐，发酵品温一般为自然发酵温度。4 天后压至后酵罐。

（4）压榨、过滤　后发酵三个月左右即可压榨。

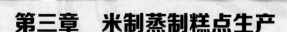

第三章　米制蒸制糕点生产

第一节　蒸韧糕类

一、蒸锅垒

1. 原料配方

玉米面 900g，大米粉 100g，面粉 400g，苹果 2000g，白糖 400g，山楂糕条 200g，玫瑰丝、什锦果脯各适量。

2. 操作要点

（1）将苹果洗净，削去果皮，擦成苹果丝。把苹果丝放入盆内，加入玉米面、大米粉、面粉，搅拌均匀。

（2）将笼屉内铺上屉，把苹果丝面倒在屉布上铺平。把玫瑰丝、山楂糕条、什锦果脯撒在上面。上旺火沸水锅蒸 35min 即熟。

（3）将蒸熟的锅垒放入盘内，把白糖撒在上面即成。

3. 注意事项

玉米面、大米粉、面粉、苹果丝放入盆内，搅拌均匀，达到捏成团后还能散开的程度为宜。

二、珍珠粑

1. 原料配方

糯米 1000g，白糖 370g，猪油 100g，蜜玫瑰 25g，蜜樱桃 25 粒，鸡蛋液 130g，淀粉 250g。

2. 操作要点

（1）调制面团　取 2/3 的糯米用沸水煮至九成熟起锅。沥干米汤置于盆内，趁热加入鸡蛋液（把握好鸡蛋和淀粉的用量，不宜过多或过少）、淀粉拌和均匀至米团有一定阻力，即成面团；余下的糯米提前浸泡 10h 左右，沥干水分，留作裹米。注意裹糯米必须用冷水浸泡涨发至吸水充分。

（2）制馅　将白糖与少许淀粉搅拌均匀，把蜜玫瑰用刀剁细后加入少许猪油搅拌均匀，再将两部分混合揉搓均匀即成馅心。

（3）包馅成形　先将手先沾上少许清水，取米面团一份，包上馅心一份，封口后搓圆，然后均匀地粘上一层"珍珠"（裹米），放在垫有湿纱布或刷油的笼内，并在每个生坯的顶部嵌上半颗蜜樱桃即成。

（4）蒸制　在旺火上蒸大约 10min，蒸到珍珠粑表面的裹米发亮即可。

三、凉糍粑

1. 原料配方

糯米 1000g，豆沙馅 500g，白芝麻 300g，白糖 200g，食用红色素少许。

2. 操作要点

（1）调制面团　把糯米淘洗干净后加入适量的清水（一般淹过米粒 0.5～0.8cm），上笼蒸制成较干的糯米饭，倒出趁热擂细即成米团。蒸制糯米饭时，掌握好水量，水不宜过多或过少。

（2）炒芝麻　把白芝麻入锅用小火炒至成熟、色泽金黄，再将其擀成颗粒较粗的粉末待用。炒芝麻时要掌握好火候，不要将芝麻炒焦了。白糖用擀面杖擀细，再加入少许食用红色素调成粉红的糖粉即为胭脂糖。

（3）整形　把芝麻分摊开铺在面案上，两手沾上少许色拉油，把米团放于芝麻粉上，然后将其压成厚约 1cm 的面皮，并将豆沙馅均匀地夹在 1/2 的米面皮上，堆叠后将其压成厚为 1cm 左右，最后用刀将其切成各种形状即可（一般切成菱形块）。整形时手要沾少许油脂，以免粘手，并注意米团的厚薄度。

（4）装盘上席　把切好的糍粑块装在盘中，撒上胭脂糖即可。

四、八珍糕

八珍糕是绍兴传统名点之一，历史悠久，有补中益气、开胃健脾、肥儿消疳等功能。

1. 原料配方

炒糯米粉 10kg，绵白糖 10.5kg，炒山药 0.666kg，炒莲子肉 0.666kg，炒芡实 0.666kg，茯苓 0.666kg，炒扁豆 0.666kg，薏米 0.666kg，砂仁 80g，食用油适量。

2. 操作要点

（1）中药材拣选炮制　炒山药，用无边铁锅以文火炒至淡黄色。炒莲子肉，用开水浸透，切开去心，晒干，用文火炒至深红色。炒芡实，除去杂质，用文火炒至淡黄色。炒扁豆除去霉烂、嫩、瘪粒及杂质，用文火炒至有爆裂声，表面呈焦黄色。砂仁、茯苓，除去杂质。薏米，淘净，除去杂质，晒干。

（2）湿糖　提前一天将绵白糖和适量的水搅溶，成糖浆状，再加入油，制成湿糖。

（3）擦粉　先将糕粉同中药材经 400 型粉碎机碾成细粉，然后按量和湿糖拌和后倒入擦糕机擦匀，去筛（糕粉需陈粉，如是现磨粉则需用含水量高的食物拌和，存放数天，使粉粒均匀吸水后方可用）。

（4）成型　坯料拌成，随即入模。将坯料填平，均匀有序地压实，用标尺在锡盘内切成五条。

（5）炖糕　将锡盘放入蒸汽灶内蒸制，经 3～5min 即可取出。将糕模取出倒置于案板上分清底面，竖起堆码，然后进行复蒸。

（6）切糕　隔天，将糕坯入切糕机按规格要求进行切片。

（7）包装　每包用秤称量为 125g，内衬白油光纸，加包彩纸，外套方底塑料袋防潮。

五、荸荠糕

1. 原料配方

荸荠粉 8kg，大米粉 2kg，白砂糖 20kg，冰糖 2kg，花生油 400g，食盐适量，水适量。

2. 操作要点

（1）荸荠粉浆制备　将荸荠粉和大米粉放在盆里，加少量清水，搅拌均匀，然后再次加入清水适量，拌成粉浆，用纱布过滤后，放在盆内，备用。

（2）糊浆制备　将白糖、冰糖加清水适量，搅拌煮至溶解，用纱布过滤，再次煮沸，然后冲入粉浆中；在冲入过程中要不断搅拌，冲完后仍要搅拌一会儿，使它均匀而且有韧性，成半生半熟的糊浆。蒸荸荠糕的关键在于烫生浆粉的水温，在 80℃ 左右最佳。如果生浆倒入后马上结成透明疙瘩状，说明水温过高，烫得过熟。如果还是白色糊状，说明水温过低，烫得太生。生浆呈半透明糊状为最佳。

（3）成型　在方盘上轻抹一层油，并将糊浆缓慢倒入其中。

（4）蒸制　将方盘放到蒸笼用中火蒸 20min 即成。

（5）冷却、分块　待糕冷却后，切成块，即可食用。

六、高粱糕

1. 原料配方

黏高粱面 1000g，大米粉 200g，红小豆 800g，白糖 800g。

2. 操作要点

（1）蒸锅内放入清水，用大火烧开，笼屉中铺上干净屉布，置于锅上。

（2）红小豆选好洗干净，撒入屉内，抹平，上面撒一层黏高粱面和大米粉，抹平，用旺火蒸熟。

（3）揭开蒸笼盖，先撒入一层红小豆，再撒入一层黏高粱面，仍用旺火蒸锅。如此，用完所有红小豆和面料，最上一层为红小豆，用开水旺火蒸熟，熟后离火，倒在案板上，用刀切成片状，卷上白糖装盘即成。

七、紫米糕

1. 原料配方

紫米 1000g，糯米 660g，熟莲子 500g，青梅 100g，山楂糕 100g，瓜仁 50g，桂花酱 30g，白糖 330g，熟植物油 160g。

2. 操作要点

（1）将紫米、糯米淘洗干净，分别泡 30min。锅置火上，放入清水烧沸，下入清水烧沸，下入紫米煮到稍软后，再下入糯米同煮 5min，捞在屉布上，入蒸锅蒸 30min。取出拌入白糖、熟植物油，再回锅蒸 20min 备用。

（2）将熟莲子、山楂糕、青梅均切成小丁。紫米和糯米蒸熟后，下屉用湿布揉匀，加入桂花酱再揉透，即成米糕。

（3）将揉好的米糕放入抹过油的盘中，上面撒上青梅、山楂糕、莲子丁及瓜仁，用物压实放入冰箱，吃时取出切成小块即成。

3. 注意事项

煮米水要多，否则乱汤。紫米饭蒸好后要揉匀揉透。

八、绿豆糕

绿豆糕按口味有南、北之分，北即为京式，制作时不加任何油脂，入口虽松软，但无油润感，又称"干豆糕"。南包括苏式和扬式，制作时需添放油脂，口感松软、细腻。

1. 原料配方

绿豆粉 13kg，白糖粉 13kg，炒糯米粉 2kg，面粉 1kg，菜油 6kg，猪油 2kg，食用黄色素适量。

2. 操作要点

（1）顶粉　将绿豆粉 3kg、面粉 1kg、白糖粉 3.2kg、猪油 2kg、适量食用黄色素加适量凉开水和成湿粉状。

（2）底粉　将绿豆粉 10kg、炒糯米粉 2kg、白糖粉 9.8kg、菜油 6kg 加适量凉开水和成湿粉状。

（3）蒸制　把筛好的面粉撒在印模里，再把顶粉和底粉按基本比例分别倒入印模里，用劲压紧刮平，倒入蒸屉，蒸熟即可。

九、云片糕

云片糕片薄，因形如白云、色白如雪的特点而得名。常见于我国长江流域，江浙一带称薄片糕或雪片糕。

1. 原料配方

糯米 10kg，白糖 12kg，猪油 0.75kg，饴糖 0.5kg，蜂蜜桂花糖 0.5kg，花生油、盐各适量。

2. 操作要点

（1）炒制　除杂后的糯米先用 35℃的温水洗干净，使糯米适当吸收水分，再用 50℃的水洗。放在大竹箕内堆垛 1h，然后摊开，经约 8h 后，将米晾干。用筛子筛去碎米。以 1kg 米用 4kg 粗沙炒熟。炒时加入少量花生油，不应有生硬米心和变色的焦煳的米粒，最后过筛，炒好的糯米呈圆形，不能开花。

（2）润糖　需提前进行，一般在前一天将白糖、饴糖、猪油、水拌和均匀，放入缸中，使其互相浸透，一般糖与水的比例为100：15。应将沸水浇在糖上，搅拌均匀。

（3）搓糕　将糕粉倒在案板上，中间做成凹形，然后加入糖浆，用双手充分搓揉。搓糕时动作要迅速，若搓慢了会使糕粉局部因吃透湿糖中的水分而发生膨胀，导致糕的松软度不一。如有搅拌机，可在机器内充分混合，将糕粉盖上湿布，静置一段时间，使糕粉变得柔软。

（4）打糕　先用蜂蜜桂花糖拌上少量糕粉打成芯子，再在四周捞入其他余料打成糕。用木方子打紧后，放入铝模或不锈钢盘内铺平，用压糕机压平。

（5）炖糕　将压好的糕坯切成四条，再用铜镜将表面压平，连同糕模放入热水锅内炖制。当水温 50～60℃时，炖制 5～6min 取出；水温在 80～90℃时，炖制 1.5～2min。炖糕的作用是使糕粉中的淀粉糊化，与糖分粘连形成糕坯。炖糕时，要求掌握好时间和水温，若温度高，炖糕时间过长，会使产品过于板结，反之，使产品太松。糕粉遇热气而黏性增强，糕坯成型后即可出锅，倒置于台板上，然后糕底与糕底并合，紧贴模底的为面，另一面为底。将糕坯竖起堆码，一般待当天生产的所有糕坯全部炖完后，集中进行复蒸。

（6）蒸制　把定型的糕坯相隔一定距离竖在蒸格上，加盖蒸制。目的使蒸汽渗入内部，使粉粒糊化和黏结。蒸格离水面不要太近，以防水溅于糕坯上。水微开，约 15min 即可。

（7）切片、包装　复蒸后，撒少许熟干面，趁热用铜镜把糕条上下及四边平整美化，即装入不透风的木箱内，用干净布盖严密，放置 24h，目的是为了使糕坯充分吸收水分，以保持质地柔润和防止污染霉变，隔日切片，随切随即包装。云片糕大小一般为 6cm×1.2cm，薄片厚度小于 1mm，一般 25cm 长的糕能切 280 片以上。包装后即成产品。

十、桃片糕

1. 原料配方

糯米 25%，白糖粉 25%，面粉 9%，蜂蜜 9%，猪油 17%，核桃仁 10%，糖玫瑰 5%，食用红色素适量。

2. 工艺流程

糯米→精选除杂→磨粉→吸湿→制糕粉（加入辅料）→蒸糕心（加入食用红色素）→蒸糕→成型→包装→成品

3. 操作要点

（1）磨粉 将优质糯米精选后粉碎，制成糯米粉，把糯米粉放在湿度较大的环境中任其吸水，使糯米粉含水量升高到16％～20％。用手检验，要求用手捏粉后再松手即成粉团，不散垮。

（2）制糕粉 取糯米粉、一半的猪油、一半的蜂蜜混合均匀，揉透搓细，用40目筛子筛成松散的面粉备用。

（3）制糕心 取面粉、白糖粉、剩下的猪油、剩下的蜂蜜混合后，拌和均匀，再加入糖玫瑰、核桃仁，炒拌均匀即可。

（4）蒸糕心 取不锈钢糕箱装糕心，然后逐一擀平，再用压糕抿子，抿压光滑，入蒸笼蒸制5～8min取出，在盆内切三刀，四等分，然后在每条糕心四面着上红色素，备用。

（5）蒸糕 在每只不锈钢糕箱内先装糕粉700g，铺平，再放入3条已着色的糕心。糕心间距相等，边上两条不要碰到盆边，其距离为各条间距离的一半。再装入700g糕粉，铺平，用压糕抿子压平、压紧，入笼大火蒸，上汽后5～8min取出。顺糕心条的方向均匀地切为3条，整齐地装在面箱内，用熟面粉捂好，盖上布，盖好箱，待用。

（6）成型 次日将捂过的糕坯取出，按成品规格切片，每片厚度2～3mm，每100g成品约14片。包装后即为成品。

十一、百果年糕

1. 原料配方

（1）面糊配料 糖30kg、鸡蛋31kg、大米粉27kg。

（2）馅料 白糖12kg、饴糖2kg、青梅8kg、葡萄干4kg、瓜条4kg、瓜仁2kg。

（3）擦盘用油2kg。

2. 操作要点

（1）馅料调制　将饴糖、青梅、葡萄干、瓜条、瓜仁等馅料在搅拌机内混合均匀，制成馅料，备用。

（2）打蛋　将鸡蛋打碎后放入打蛋机内，加糖搅打。待蛋液呈乳白色，液面有蓬松泡沫，体积增大为止。

（3）面糊调制　将大米粉缓缓投入打蛋机内，将机器改为慢挡搅拌均匀。

（4）成型　在铁盘内刷上一层食用油，然后用勺子浇糊，薄厚要一致。

（5）蒸制　在一铁盘内刷油，然后用勺子浇糊，薄厚要一致。浇糊后，将铁盘上蒸箱蒸制至熟出屉。

（6）加馅　蒸箱蒸熟出屉后，用事先调好的糖浆、青梅、葡萄干等稍加混合，抹在底部糕面上，再盖上同样的糕坯，然后切成长方形块，即可包装（亦可在两层蛋糕间涂抹果酱等）。

十二、百果方糕

1. 原料配方（制 100 块方糕）

精白粳米 3.5kg，精白糯米 1.5kg，芝麻酱 200g，猪板油 200g，白糖 1.565kg，核桃肉 200g，瓜子及葵花籽各 150g，糖橘饼 120g，青梅 250g。

2. 工艺流程

精白粳米、精白糯米→混合→吸水→磨粉→筛粉→拌粉→制糕（加入白糖、果仁辅料、猪板油→制馅心）→蒸糕→取糕→包装→成品

3. 操作要点

（1）制粉　将两种米除杂后混合，放在淘米箩里淘净后，用布盖好，任其吸收表层水膨胀。热天经 1h 后喷水 1 次，并将淘箩颠簸一下，使下面的米翻到上面，仍用布盖好。再过 2h 米粒表层水吸干，即可粉碎成细粉，含水量约为 25%。米粉用 40 目网筛筛过

后，摊散在竹匾内，以免发酸。制糕时，每千克糕粉加清水 250g，拌揉均匀后备用。

（2）制馅心 将猪板油撕去油皮，切成 100 块油丁，放在碗内，加入白糖 65g，用手拌匀，腌制 24h 再使用。核桃肉、瓜子、葵花籽、青梅等均切成绿豆大小的粒，拌和后，加入芝麻酱和白糖 1.5kg 拌匀即成百果馅心。

（3）制糕 用 36cm 见方的特制蒸垫，铺上湿白布一块，四边放上内径 32cm 见方的木框，即成方形的蒸箱。另外，用不锈钢瓢舀方糕粉 600g，放于蒸垫上摊平，然后用特制格形刮刀（有轮齿一面向下）沿木框内自外向身边平刮，每遇木柜刻缝处将刮刀向上提一下。刮好后糕粉即成 16 块大小相等的凹形。在每块凹形内放入百果馅 1 块，再用瓢舀糕粉 325g 盖在馅心上，用长 51.7cm、宽 3cm、一面有缺口的专用长条刀齐木框刮平后，再按木柜边上的刻纹横直各切三刀，即成 16 块方糕的生坯。取 7.3cm 见方的木制模型板 1 块（内刻有各种花纹图案），将糕粉铺满于模型板上，用刀刮去余粉。然后将模型板覆合在方糕上，用刀轻敲板底，使嵌在花纹内的糕粉完整地脱落在方糕面上。用同样的方法依次做完，使每块方糕上都有花纹图案。

（4）蒸糕 取直径 53cm 铁锅 1 只，放入清水为 2.5～3kg，置于旺火上烧开后，放上已制成方糕生坯的蒸箱（箱底离水面约 20cm，以水沸滚时不碰到箱底为度），加盖蒸 7～8min 即可。

（5）取糕 先拆去蒸箱四边木框，用湿布一块覆盖在方糕上，再用比蒸垫略大的木板一块覆在湿布上，随即一手托住蒸垫，一手揪住木板翻身，揭去蒸垫，换用木板平放在方糕上，仍按上述方法将糕再翻身。然后揭去糕上木板及湿布，用刀将方糕分块铲起即成。

（6）包装 冷却后密封包装。

十三、薯类年糕

1. 原料配方

甘薯 1000g，大米粉 200g，琼脂 100g，海藻酸钠 10g，氯化钙

10g，柠檬酸适量（调 pH 至 3.5）。

2. 操作要点

（1）原料挑选 选用新鲜、块大、含糖量高、淀粉少、水分适中、无腐烂变质、无病虫害的红心甘薯。

（2）清洗 将选好的甘薯放入清水中进行清洗，以除去表面的泥沙等杂物，去除机械损伤、虫害斑疤、根须等，再在漏筐中用清水冲洗干净。

（3）蒸煮 洗净的甘薯放入夹层锅内利用蒸汽进行蒸煮，时间为 30～60min，至完全熟化，无硬心、生心。

（4）去皮 手工去皮，甘薯皮可用作饲料或作为加工饴糖的原料。

（5）打浆 将去皮后的甘薯用机械捣碎后放入打浆机，搅拌成均匀一致的糊状物（温度在 60℃以上）。

（6）配料 甘薯 100%、大米粉 2%、琼脂 1%、海藻酸钠 0.1%、氯化钙 0.1%、柠檬酸适量（调 pH 至 3.5）。

① 糖浆的制备 称取等量的蔗糖和葡萄糖，用少量水溶解后，熬糖至橘黄色，保温备用。

② 琼脂（胶）的处理 称取定量的琼脂加入 20～30 倍的水蒸煮溶化，保温备用。

③ 海藻酸钠胶的制备 称取定量的海藻酸钠及氯化钙加水，加热溶解后备用。

（7）浓缩 将甘薯浆在夹层锅中浓缩至团块状，当浓缩接近终点时，先加入糖浆和溶胶，浓缩结束时，加入柠檬酸。

（8）凝冻成型 将浓缩后的混合料趁热注入浅盘中，冷却凝冻成型，厚度为 5～10mm，表层要抹平，为防止粘盘，烘盘预先要刷上一层食用油。

（9）烘干 将烘盘放入干燥箱内，在 50～60℃的条件下，利用热风脱水使样品的水分含量降至 25%～30%，烘干时间为 6～10h。为了使烘干的效果良好，中间可翻一次。

（10）包装 烘干结束后，待其稍稍冷却，即可切块包装。一般包装采用双层包装，内层用糯米纸，外层用聚乙烯。

由于甘薯淀粉含量高，蒸煮时要蒸熟蒸透，使淀粉完全糊化，为避免淀粉冷却后凝沉，要趁热打浆（保证温度大于 60℃），否则易出现颗粒团块。另外，甘薯浆料黏度大，浓缩时要不断搅拌，以免粘锅壁结焦。混合物料时，柠檬酸宜最后加入，不然成胶状，搅拌困难，水分也难蒸发，延长烘干时间。

十四、黄米年糕

1. 原料配方

黄米面 1000g，大米粉 200g，红枣 1000g。

2. 操作要点

（1）和面　红枣洗净，黄米面和大米粉用温水和成面团，然后成 20 个面剂。

（2）整形　每个面剂捏成上尖下圆、中空的金字塔形，并在 4 周和顶上嵌上 3～4 个红枣。

（3）蒸制　上蒸笼内，用旺火蒸 3min 即熟。吃时可蘸糖。

十五、红果丝糕

1. 原料配方

小米面 1000g，大米粉 200g，山楂 600g，白糖 400g，酵面 100g，食碱适量。

2. 操作要点

（1）制发酵面团　将酵面放盆内用温水溶开，把小米面和大米粉倒入，揉和成面团发酵。

（2）山楂预处理　把红果洗干净，用刀切开，把果核取出，放锅内用水煮烂，将白糖倒入同红果一起搅拌均匀，制成红果酱。

（3）混合　将发酵好的小米面加入适量的食碱揉匀，稍微饧一会。饧好后将面团分成两份。

（4）蒸制　笼屉内铺上湿屉布，将一份面团铺在屉上抹平。把制好的红果酱放到面上铺平抹匀。再把另一份面团铺到红果酱上。用旺火沸水蒸约 1h 即熟。

（5）整形　蒸熟的红果丝糕倒在案板上，用刀切成菱形小块，包装后上市销售。

（6）成品　产品特点是红黄相间，甜酸适口。

十六、四色片糕

1. 原料配方

炒糯米粉 10kg，白砂糖 12.5kg，植物油 0.75kg，杏仁粉 1.25kg，干玫瑰花 125g，松花粉 625g，苔菜粉 500g 或黑芝麻屑 2.5kg，精盐 100g。

2. 操作要点

（1）炒糯米粉制作　糯米经淘洗后放置一定时间吸水胀润。将适量白砂糖在锅中炒热到 180～200℃，加入吸足水分的糯米焙炒，炒熟出锅。然后用粉碎机粉碎成粉末，用 100 目以上的筛子过筛，最终经吸湿而得到炒糯米粉。

（2）潮糖制作　将白砂糖加 5% 左右水分和适量的无杂味植物油，进行充分的搅拌，使糖、油、水均匀混合，放在容器内静置若干天，即成潮糖。

（3）炒糯米粉面团调制　将吸湿后的炒糯米粉与潮糖拌匀，用擀杖碾擀二遍，刮刀铲松堆积，再用双手手掌用力按擦二遍，要求擦得细腻柔绵，用粗筛筛出糕料，或用机械擦粉、过筛。

（4）成型　先在铝合金制成的模具烫炉里放入约 1/5 的糕料，并铺于模具底部，再取 3/5 的糕料事先与该制品需要的原料（如杏仁粉、松花粉、苔菜粉、玫瑰花等）擦和，放入烫炉内铺平按实，最后将五分之一的糕料放入烫炉铺平，用捺子揿实，要求表面平整，厚薄均匀，再用力在糕料上按需要大小切开。

（5）蒸糕　水温控制在 80℃ 左右，将已开条的糕坯连烫炉放置在有蒸架的锅里，隔水蒸 3～5min，待面、底均呈玉色，刀缝隙处稍有裂缝时，表示蒸糕成熟。蒸糕的目的是使糕坯接触蒸汽受热膨胀，因此不需要用过大的蒸汽。

（6）回汽　将蒸过的糕坯磕出，有间距地侧放在回汽板上，略加冷却，再将糕条连糕板放入锅内加盖回汽。回汽的作用是使糕坯底部以外的另外几个面接触蒸汽，吸收水分，促使糕体表面光洁。回汽时糕坯表面呈玉色，手感柔滑不毛糙，中心部位带软黏。

（7）冷却　将回过汽的糕坯，正面拍上一层洁白的淀粉，侧立排入糕箱内，最上面一层应比糕箱上沿低几厘米，铺上蒸熟的小麦粉，使糕坯与外界空气基本隔绝，放置一昼夜后，让其缓慢冷却。用这种冷却方法，既能达到冷却目的，又能使糕坯软润均匀。

（8）切片　将充分冷却后的糕坯用切糕机或手工切成均匀的薄片，切片深度近 100％，但糕片间不脱离。

（9）烘烤　将切好的糕片，摊排在烤盘内进行烘烤，在 230℃炉温烘烤 5min 左右，待糕片有微黄色时即可出炉。出炉后趁热按原摊排的次序进行收糕，并排列整齐。

（10）包装冷却　收糕后接着趁热包装，包后再进行冷却，然后装入密封盒箱内。

十七、水晶凉糕

1. 原料配方

糯米 1000g，冰糖 250g，蜜瓜条 75g，蜜樱桃 75g，红枣 75g，葡萄干 75g，熟猪油 75g。

2. 操作要点

（1）蒸糯米饭　把糯米淘洗干净后用清水浸泡 5～6h，等米粒吸水充分涨发后，沥干水分，倒入垫有纱布的蒸笼内，用旺火蒸熟。蒸制糯米饭时注意其成熟度，蒸制过程中要揭开笼盖向糯米中洒 2～3 次水，保证米饭全熟。

（2）切配料　将蜜瓜条、蜜樱桃、葡萄干和红枣等分别切成小片待用。

（3）拌料　把糯米饭蒸熟后，趁热将切好的原料倒进糯米中搅拌均匀，再装入事先刷好熟猪油的木盒内，米饭装木盒时一定要用工具将其压紧、压平、压实。然后放进冰箱内进行冷冻。

（4）熬糖液　将清水加热到沸腾后，再加入适量的冰糖，用中小火慢慢熬制，熬至锅铲插入糖汁内提起"滴珠"时，即可盛入碗内置于冰箱内冷却。熬制糖浆应控制好其浓稠度，且要冷却后才能淋到糕坯上。

（5）切糕　将冻好的糕坯取出用刀切成方形薄片，切片时刀口抹少许油脂，以防粘刀。整齐地装入盘内，最后淋上冻好的冰糖汁即可上席。

十八、八宝年糕

1. 原料配方

糯米 10kg，白糖 200g，芝麻 200g，青梅 200g，葡萄干 200g，桃脯 200g，冬瓜条 200g，白莲 200g。

2. 操作要点

（1）预处理　先将 10kg 糯米淘洗干净，水浸 24h 后上屉蒸烂，取出用和面机搅烂摊凉备用。

（2）制馅　把白糖、芝麻、青梅、葡萄干、桃脯、冬瓜条、白莲各 200g 搅拌做成馅。

（3）整形　在方盘内刷一层猪油，铺上搅烂的 1cm 厚的糯米饭，每铺一层放入适量的馅，共铺三层。

（4）蒸制　上锅蒸熟后，用刀切成小块即可。

十九、辣炒年糕

1. 原料配方

韩式年糕条 1000g，高丽菜 100g，牛肉片 400g，红椒 100g，蒜头 4 瓣，红辣椒、葱各 2 根，韩式辣椒酱、细砂糖、酱油、水适量。

2. 操作要点

（1）原料处理　做法将韩式年糕条切成三等份，成为短圆柱状，然后用热水泡软。预热油锅，将肉片放入锅中翻炒至七分熟。加入蒜末、切丝的红椒、切片的红辣椒、切段的葱及切片的高丽菜拌炒。

（2）调味　加入酱油、细砂糖调味后，放入年糕块拌炒，然后转小火，让年糕吸收汤汁。

（3）拌炒　将调味后的原料再加入韩式辣椒酱拌炒均匀即为成品辣炒年糕。

二十、杭式炒年糕

1. 原料配方

猪瘦肉 160g（也可用鸡肉），大白菜 300g，韭黄 200g，木耳 5g，白年糕 600g，虾油 10g，白糖 4g，高汤适量。

2. 操作要点

（1）原料处理　将猪瘦肉切丝，用盐拌过，再加蛋白浆过。木耳泡水至发胀，清洗干净，切成丝。白菜洗净切丝，韭黄择干净切段备用。年糕切成约 1cm 厚的片。

（2）油炸　将油加热到 80℃ 左右，放入年糕片稍微炸一下使之定型，捞出。

（3）调味　用油炒肉丝、木耳和大白菜，加入高汤焖至大白菜够酥软但仍有汤汁时，放入年糕拌炒，加入虾油和白糖炒匀，关火后再放入韭黄段拌一下即可装盘。

二十一、三色菊花盏

1. 原料配方

面粉 500g，大米粉 500g，玉米面 430g，牛奶 710g，奶油 170g，豆沙馅 1400g，白糖 700g，白醋 70g，泡打粉 60g，樱桃少许，香草粉少许，食用红黄色素少许。

2. 操作要点

（1）将面粉、大米粉和玉米面、泡打粉、香草粉放在案上拌匀，中间扒窝，加入白糖、牛奶拌匀和起，用手掌来回揉，揉的时间越长越好。揉时把奶油和白醋分次揉入面团，如硬时可加少许温水和成软面团。

（2）将面团分3份放入碗内，2份分别调成淡红色和淡黄色（食用色素用水化开），再把三种色面团的一半同时放入一个铺纸抹油的菊花盏里，再将豆沙馅搓成小圆球，放入菊花盏中的面团上，再把三种色的面团依次放入盏里铺平，中心用手蘸清水轻轻按一下，准备蒸熟后放樱桃。上笼用大火蒸10min，出笼后把纸剥去，放上樱桃即成。

（3）成品 特点是顶部蒸裂，膨胀3～4倍，馅心微露，形似花朵。吃起来松软香甜。

3. 注意事项

三色面团的数量要一致。红、黄食用色素不宜多放，以能刚上色为准。菊花盏用沸水、大火蒸熟。

二十二、韩式炒年糕

1. 原料配方

白年糕1000g，萝卜400g，绿豆芽200g，平菇140g，大葱100g，牛肉（牛臀部）400g，浸水木耳80g，黄白鸡蛋、石耳、辣椒丝各适量，5杯水，3大勺酱油，2大勺蒜泥，3小勺香油，2小勺芝麻盐，白糖、胡椒面各1/2小勺。

2. 操作要点

（1）原料预处理 将白年糕切成4～4.5cm长，再按纵向切成2等份拌料。把肉折成幅宽为0.8cm，再切成1.5cm×5cm的大小拌料。把萝卜按糕的长度切成丝。把平菇在阳光下晒半天烘干后洗净，照糕的长度撕成丝。把木耳泡浸水里，洗净。大葱也按糕的长度切丝，把绿豆芽洗净。把黄白鸡蛋切成片。

（2）辅料蒸煮　在和料一起拌成的肉里再放进萝卜丝搅拌后倒入锅里煮熟。把平菇和水浸木耳以及绿豆芽依次倒入锅里煮熟，火不要大。

（3）原料蒸煮　后半段放入年糕加火沸腾时，再放进大葱煮熟。

（4）成品　上桌的时候将各种材料拌到一起，用石耳、黄白鸡蛋以及辣椒丝装饰食器。

二十三、黏高粱米豆沙糕

1. 原料配方

黏高粱米 800g，大米 200g，豆沙馅 500g，白糖适量。

2. 操作要点

（1）蒸制　将黏高粱米和大米洗净，加适量水，上笼蒸熟。

（2）整形　取 2 个瓷盘，取一半黏高粱米饭放入盘内铺平，用手压成 2～3cm 的片状，剩下的黏高粱米饭放另一盘内压好。

（3）切分　把压好的黏高粱米饭扣在案板上，用刀抹一下，再铺抹上厚薄均匀的豆沙馅，然后将另一半黏高粱米饭扣在豆沙馅上，再用刀抹平，吃时用刀切成菱形块，放入盘内，撒上白糖即成。

第二节　蒸蛋糕类

一、玉带糕

1. 原料配方

鸡蛋 1000g，白糖 1000g，熟面粉 400g，大米粉 300g，澄沙馅 800g，青梅 30g，葡萄干 20g，红丝、香油各适量。

2. 操作要点

（1）调糊　将鸡蛋磕开，把蛋清、蛋黄分别盛入两个碗内，先把白糖倒入蛋黄内，搅匀，再把蛋清抽打成泡沫也倒进蛋黄内，搅匀，最后倒入熟面粉和大米粉，搅成蛋糊。

（2）蒸制　把木框放在屉内，铺上屉布，倒进二分之一蛋糊，用旺火蒸约 15min 取下，铺上用香油调好的澄沙馅，再倒进剩余的蛋糊，在糕的表面用青梅、葡萄干、红丝码成花卉形，再蒸约 20min，即熟，晾凉后切成宽 3cm、长 10cm 的条，码于盘内即可。

二、三层糕

1. 原料配方

鸡蛋 1000g，白糖 1000g，熟面粉 500g，大米粉 400g，澄沙馅 500g，青梅、瓜子仁、葡萄干各适量，红色素少许。

2. 操作要点

（1）调糊　将蛋清、蛋黄分别盛在两个盆内，先把白糖倒入蛋黄内搅匀，再把蛋清抽打成泡沫也倒入蛋黄内搅匀，最后倒入熟面粉和大米粉，搅成蛋糊。

（2）第一次蒸制　把木框放在屉上，铺上屉布，先把蛋糊倒入一半，上屉蒸制，蒸熟后取下。

（3）整形　第一次蒸制完毕后铺上澄沙馅，把另一半蛋糊加红色素，倒在澄沙馅上，并撒上青梅、葡萄干、瓜子仁。

（4）第二次蒸制　整形好后再次上屉蒸约 20min 即熟。

（5）成品　第二次蒸制好后，取出蛋糕，待晾凉后，切块，码入盘内即可。

三、月亮糕

1. 原料配方

鸡蛋 1000g，白糖 1000g，面粉 500g，大米粉 200g，香菜叶 100g，青梅 100g，猪油适量，红色素适量，淀粉适量。

2. 操作要点

（1）预处理　将淀粉倒入碗内，加凉水适量调开，再磕开一个鸡蛋倒入，放少许红色素，搅成稀糊，把勺烧热，倒入稀糊晃动，呈圆形蛋皮待用。

（2）调糊　将蛋清、蛋黄分开放入不用容器中，先把白糖倒进蛋黄碗内搅匀，再把蛋清抽打成泡沫倒入蛋黄内搅匀，最后倒进面粉和大米粉、搅成蛋糊。

（3）加调料　把小瓷碟放在屉内，稍刷一层猪油，把已拌好的蛋糊倒入小碟（倒入半碟），然后将香菜叶、青梅末在蛋糊上码成花卉状，再将红蛋皮用铁梅花模压成花卉，镶成花卉形状即可。

（4）蒸制　蒸锅上汽时，随即上锅蒸制，蒸汽不宜过大，以免走形，蒸约25min即熟。取下晾凉，用馅匙沿小碟底边转一周即可取下。

四、白蜂糕

1. 原料配方

大米1000g，面肥200g，白糖200g，桂花20g，碱面适量。

2. 操作要点

（1）原料预处理　用清水将米淘洗干净，泡半小时，捞出沥去水分，放在通风处风干后用小磨碾成细粉过罗。

（2）和面　将过罗后的米面加开水1kg，烫熟后与面肥掺在一起搅匀，放在湿度高的地方发酵。发好后，加入适量的碱面和白糖、桂花搅匀备用。

（3）蒸制　把框子放在屉上铺上屉布，将面倒在甑子内蒸1h左右即熟。

五、百果蛋糕

1. 原料配方

鸡蛋1000g，糖960g，面粉870g，大米粉100g，擦盘用油60g，青梅130g，饴糖30g，瓜条60g，葡萄干60g，瓜子仁30g。

2. 操作要点

（1）调糊　将蛋液倒入打蛋机容器内，加糖高速搅拌，搅拌10～15min待蛋液呈乳白色，液面有膨松泡沫，体积增大，便可投入面粉和大米粉搅拌。

（2）调粉　将面粉和大米粉缓缓投入打蛋机容器内，将机器改为低速搅拌，搅拌2～5min，直至搅拌均匀。

（3）整形　在一铁盘内刷油，然后用勺子浇糊，薄厚要一致。

（4）蒸制　即上蒸箱蒸制至熟出屉，再用饴糖、青梅、葡萄干、瓜子仁等稍加混合，抹在底部糕面上，再盖上同样的糕坯，然后切成长方形块，即可包装（亦可在两层蛋糕间涂抹果酱等）。

六、八宝枣糕

1. 原料配方

面粉1000g，大米粉100g，鲜鸡蛋1000g，白糖1000g，蜜枣400g，生猪油300g，核桃仁400g，蜜瓜条400g，蜜樱桃300g，蜜玫瑰120g，黑芝麻100g，橘饼120g。

2. 操作要点

（1）调糊　生猪油去掉皮，切成0.4cm见方的颗粒；蜜枣去核，与蜜瓜条、核桃仁、蜜樱桃、橘饼均切成0.4cm见方的颗粒。把鸡蛋打入盆内，加入白糖，用打蛋器顺一个方向用力搅动，直至蛋液起泡、呈乳白色、体积增大二至三倍，加入用筛子筛过的面粉和大米粉，调和均匀。再加入板油、蜜枣、桃仁、瓜条、樱桃、橘饼、玫瑰拌和均匀。

（2）蒸制　蒸笼内铺上一层纸，放上木框，把糕浆倒入木框内约3cm厚；刮平糕面均匀地撒上黑芝麻，用旺火沸水蒸约30min。

（3）冷却、切分　出笼后揭去纸，再用木板夹住枣糕（有芝麻的一面上）。待晾凉后，切成5cm见方的块即成。

七、合面茄糕

1. 原料配方

热牛奶 1000g，鸡蛋 500g，玉米面 500g，大米粉 500g，番茄 500g，面粉 250g，白糖 150g，泡打粉 25g。

2. 操作要点

（1）原料处理　番茄用开水略烫，撕去皮，切碎。

（2）面糊调制　将玉米面、大米粉、面粉、泡打粉倒入打蛋机内搅拌拌匀，鸡蛋搅散，倒在面粉内，加温牛奶调匀，再加入碎番茄、白糖充分搅匀成糊状。

（3）蒸制　将面糊倒入容器内，放入蒸锅用旺火足汽蒸 20min 即熟，取出切块装盘即成。

八、蒸制蛋糕

1. 原料配方

面粉 900g，大米粉 100g，鲜鸡蛋 1200g，白砂糖 1200g，饴糖 300g，熟猪油（涂刷模具用）50g，泡打粉适量。

2. 操作要点

（1）调糊　蛋糕糊调制　将鸡蛋、白砂糖、饴糖加入搅拌机内搅打 10min，待蛋液中均匀布满小乳白气泡，体积增大后加入面粉、大米粉、泡打粉搅匀即成。注意加面搅拌不可过度，防止形成面筋，而蛋糕难以发起。

（2）注模成型　先将熟猪油涂于各式模型内壁周围，按规定质量将蛋糕分别注入蒸模内。不可倒得过满，一般达 1/2 体积即可。

（3）蒸制　将加入蛋糕糊的蒸模，放进蒸箱的蒸架上，罩上蒸帽密封蒸制。开始蒸时蒸汽流量控制得小些，蒸 3～5min 后，趁表面没有结成皮层，将蒸模拍击一下，略微震动，使表面的小气泡去掉，然后适当加大蒸汽流量，再蒸一段时间，以熟透为准。蒸汽流量或炉灶火候要适当掌握，如果蒸汽流量太大或炉灶火候过旺，有可能出现制品不平整。

（4）冷却、脱模、装箱 出蒸箱（笼）后趁热脱模，装箱冷却，待冷透后，食品箱之间可重叠。

九、蒸蛋黄糕

1. 原料配方

鸡蛋 1000g，玉米面 800g，大米粉 200g，白糖 375g，豆油 100g，猪油 75g，泡打粉 20g。

2. 操作要点

（1）原料处理 鸡蛋打入打蛋机的容器内，高速搅拌。

（2）面糊调制 将鸡蛋液中加入玉米面、大米粉、泡打粉、白糖、豆油充分搅匀成糊。

（3）蒸制 方盒内抹上猪油，倒进面糊，放入蒸锅内，用旺火足汽蒸 20min 以上至熟取出，蛋黄糕倒在案板上切成菱形块，摆入盘内即成。

十、混糖蜂糕

1. 原料配方

玉米粉 800g，大米粉 200g，红糖 300g，老酵面 200g，桂花 25g，青红丝少许，碱适量。

2. 操作要点

（1）和面 将玉米粉和大米粉倒入盆内，加入老酵面和水，和成较软些的面团发酵。待面发起时，加入适量的碱搅拌均匀，再放入红糖，拌匀备用。

（2）蒸制 将屉布铺好，把玉米面团倒在屉上铺平（大约有 2cm 左右的厚度）。然后撒上青红丝，用旺火蒸熟。取出扣在案板上晾一晾，改刀切块，装盘即可。

十一、蜜枣发糕

1. 原料配方

猪板油 1000g，鸡蛋 750g，蜜枣 250g，核桃仁 250g，冬瓜条 250g，糖玫瑰 50g，大米粉 275g，白糖 500g，蜜樱桃 125g，黑芝麻 12g。

2. 操作要点

（1）原料预处理　猪板油去皮抽筋，切成小指头大小的细颗粒。蜜枣、核桃仁、冬瓜条剁成更小的颗粒。

（2）和面　将白糖、鸡蛋放入搅拌机体内，搅打，使之发泡呈乳白色，再放入大米粉低速搅拌均匀，然后加进猪板油丁、蜜枣、核桃仁、冬瓜条、蜜樱桃、糖玫瑰花等，搅拌调匀。

（3）到笼、蒸制　在蒸笼底铺上一层纸，靠边立置长约 10cm 的木条 1 块，以透蒸汽。将搅拌好的糕浆倾到笼内铺平，务使各处厚薄一样，并撒上芝麻，大火蒸约 1h。

（4）切块　如小竹签插入糕内，不沾糕浆，便已蒸熟，即迅速翻置案板上，趁热揭去垫纸，晾冷后，用薄口刀切成 3cm 见方的小块即成。

十二、绍兴香糕

1. 原料配方

粳米 10kg，白糖 3.5g，糖桂花、香料、水各适量。

2. 操作要点

（1）粳米加工　先把粳米淘洗干净，用米重量 3%～5% 的水浸泡 10～16h，使米粒含水量达 26.8% 左右，磨成细粉，用 60g 目罗过筛，粗粉重磨。

（2）拌糖　将过筛的细米粉与白糖拌和，静置 2～5h，使糖溶化，再用 60 目筛过细，以 60～100℃ 的炭火烘烤。但不宜过干，以免飞散损失。

（3）成型蒸制　拌入糖桂花、香料，放入模具中成型，蒸煮30～40min。

（4）烘烤　取出后于 80～100℃烘烤 12～15min，使水分蒸发，再以 100～120℃的炉火烘烤 6～8min，翻转再烘烤 5～7min即为成品。

十三、山楂云卷糕

1. 原料配方

鸡蛋 1000g，白糖 500g，大米粉 500g，山楂糕 330g。

2. 操作要点

（1）原料预处理　首先把大米粉上蒸屉进行干蒸，蒸熟后后晾凉，再擀细过罗。然后将鸡蛋打入容器内，再倒进白糖用打蛋机鼓形搅拌头高速搅拌 10～18min，蛋液胀发到体积原来的 2 倍左右，颜色发白时，倒入干蒸熟的大米粉进行低速搅拌，搅拌均匀即可。

（2）蒸制　将屉布浸湿铺好，放上一个木框把蛋液倒入木框内，上火蒸熟（中间要放一两次气），然后取出扣在案板上，将屉布揭去稍晾一晾。迅速把山楂糕切成薄片，均匀地排码在蛋糕上面，然后卷成蛋糕卷，要卷紧些，再用洁白布一块浸湿，将卷好的蛋卷紧紧地包裹起来。

十四、果酱白蜂糕

1. 原料配方

籼米 1000g，籼米饭 100g，酵母浆 50g，蜂蜜 400g，果酱300g，蜜瓜条 100g，蜜樱桃 100g，酥桃仁 100g，红枣 80g，青红丝 100g，白糖 200g，小苏打 10g。

2. 操作要点

（1）磨米浆　把籼米淘洗干净后用清水浸泡 10h 左右，沥干水分，再与籼米饭和适量清水和匀，连米带水用石磨磨成米浆（米浆稍稠为好）。磨米浆时要注意籼米和籼米饭的比例，且米浆的干稀度要适度。加入酵母浆搅拌均匀后让其发酵。

（2）切配料　将蜜瓜条、酥桃仁分别切成薄片；红枣去核后每两枚重叠卷紧，再用刀横切成薄片；樱桃对剖待用。注意要点是切配料时控制好各种配料的形状，整齐有度。

（3）成形　将发好的米浆加入蜂蜜、小苏打、白糖后搅拌均匀，将其倒进不锈钢方盘中（量为方盘的 2/3），用旺火沸水蒸约15min 取出。把果酱均匀地涂抹在糕坯上，再将剩余的米浆倒入并抹平，然后将蜜瓜条、酥桃仁、红枣、青红丝、蜜樱桃等小料均匀地放在上面，再用旺火沸水蒸熟即可。

（4）切糕上席　将蒸好的白蜂糕晾冷后切成各种形状，装盘即可上席。

第三节　冷调糕

一、凉糕

1. 原料配方

（1）皮料　糯米 1000g。

（2）馅料　白糖 400g，熟面粉 200g，熟芝麻仁 200g，青红丝50g，熟花生仁 50g，熟瓜子仁 50g，香精 4g。

2. 操作要点

（1）原料处理　糯米洗净，用温水泡 2h；熟芝麻仁、熟花生仁擀碎。

（2）蒸米、捣碎、冷藏　将泡好的糯米沥尽水，上屉干蒸至熟烂取出，用木棒捣成细泥状成糯米团，放冰箱内冷藏 14h。

（3）馅料调制　熟芝麻仁中放白糖、熟瓜子仁、青红丝、香精、熟花生仁拌匀成馅。

（4）制皮、包馅　案板上撒上熟面粉，放进糯米团，揉匀，搓成长条，揪成鸡蛋黄大的剂子，滚圆按扁，放入馅包好，团成圆球，再按成小圆饼。

（5）冷藏　将小圆饼摆入盘内放进冰箱内冷藏即成。

二、扒糕

1. 原料配方

荞麦面 800g，大米粉 200g，酱油 300g、醋 300g，芝麻酱 150g，大蒜 40g，芥末面 30g，辣椒油 20g，咸胡萝卜 100g，精盐 30g。

2. 操作要点

（1）煮制　将凉水 3000g 倒入锅内，用旺火烧至将沸时，舀出 1500g 热水备用，将荞麦面和大米粉全部倒入将沸的水中，用筷子搅拌成面团，然后把剩下的 1500g 热水再倒入盛面团的锅内，用筷子将面团划成若干小块，将水烧沸。煮熟后，用筷子搅匀，盛入数个方盘中，盖上湿布，用手按平，待晾凉凝结成坨后取出。

（2）混合　把酱油和醋各掺入 300g 凉开水稀释，芝麻酱放碗内，加入精盐 30g，再陆续加进凉开水 200g 调匀，大蒜去皮、洗净，加入精盐少许捣成蒜泥；芥末面放入碗中，用开水 50g 烧烫后，调成较稠的芥末糊；咸胡萝卜去皮，擦（或切）成细丝。

（3）切分　将晾凉的扒糕切成很薄的菱形小片，分别盛在小碗内，放入适量的酱油、醋、芝麻酱、蒜泥、咸胡萝卜丝、辣椒油和芥末糊等调料，拌匀食用。

三、艾窝窝

（一）方法一

1. 原料配方

糯米 10kg，白糖 4.4kg，大米粉 1.1kg，青梅 660g，芝麻 2.2kg，核桃仁 400g，瓜子仁 200g，冰糖 660g，糖桂花 200g。

2. 操作要点

（1）原料预处理　糯米淘洗干净，加水浸 6h 以上，沥净水，上笼用旺火蒸约 1h，取出放入盆内，浇入开水 10kg，盖上盖，焖15min，使米吸足水分。然后，将米取出，放入屉里，再蒸 30min，用木槌捣烂成团，摊在湿布上晾凉。

（2）制馅　核桃仁用微火烧焦，搓去皮，切成黄豆大的丁；芝麻炒熟擀碎，瓜子仁洗净，青梅切成绿豆大小的丁。将以上原料连同白糖、冰糖、糖桂花合在一起拌制成馅。

（3）成型　大米粉蒸熟晾凉，铺撒在案板上，放上糯米团揉匀后，下成小剂后逐个按成圆皮，放上馅心，包成圆球形即成。

（二）方法二

1. 原料配方

熟江米 1100g，面粉 200g，白糖 100g，山楂糕 100g，芝麻70g，核桃仁 70g。

2. 操作要点

（1）蒸面　把面粉放进蒸笼里开锅后蒸 15min。

（2）擀面　蒸过的面粉会发干发硬，因此等面晾凉后，要用擀面杖把面擀碎，擀细。

（3）制糖馅　把蒸过的面粉、白糖、芝麻，还有碾碎的核桃仁搅拌在一起；同时将山楂糕切成小块。

（4）包馅　取一勺熟江米，将它放在面粉上来回揉搓，使熟江米完全沾满面粉，然后将它按扁，薄厚由自己喜好而定。包上刚刚拌好的糖馅，然后将周边捏合到一起，再在上面点缀一小块切好的山楂糕即可。

四、水晶糕

1. 原料配方

白砂糖 1000g，大米 600g，车前草 50g。

2. 操作要点

（1）预处理　将大米淘洗干净。车前草洗净，切成细粒。再将大米、车前草加入水，磨成细浆。

（2）煮制　将锅内倒入水烧沸，放入米浆，搅拌均匀，煮熟后倒入木制模子内，晾凉收干，淋少许水，以免硬皮。

（3）化糖　将糖放进碗内，倒入水化开，备用。

（4）切块　将凉糕切成薄片，放到碗内，倒入糖水，即可食用。

五、驴打滚

1. 原料配方

（1）配方1　糯米粉10kg，红豆沙4kg，黄豆面4kg。

（2）配方2　糯米粉100g，玉米淀粉25g，糖30g，色拉油3大勺，水150mL，红豆沙、黄豆粉、椰丝各适量。

2. 操作要点

（1）把糯米粉倒到一个大盘里，用温水和成米团，拿一个空盘子，在盘底抹一层香油，这样蒸完的米团不会粘盘子。将米团平铺在盘中，上锅蒸大概20min，前5～10min大火，后面改小火，蒸匀蒸透。

（2）在蒸米团的时候炒黄豆面，直接把黄豆面倒入锅中翻炒，炒成金黄色，出锅备用。

（3）把红豆沙用少量开水搅拌均匀。

（4）待米团蒸好取出，在案板上撒一层黄豆面。把糯米面放在上面擀成一个大片，将红豆沙均匀抹在上面（最边上要留一段不要抹），然后从头卷成卷，再在最外层多撒点黄豆面。

（5）用刀切成小段，在每个小段上再糊一层黄豆面就可以了。

六、糯米凉糕

1. 原料配方

糯米1000g，熟面粉100g，麻仁100g，瓜子仁100g，绵白糖500g，红色素少许，青红丝、水适量。

2. 操作要点

（1）将糯米淘洗干净，用水浸泡 3h，沥去水，上屉蒸至熟烂，取出用木棒捣烂摊凉。

（2）将麻仁用走槌碾碎，加入绵白糖 300g、瓜子仁、青红丝拌匀成馅。

（3）在案板上撒点熟面粉，将捣烂的糯米揉成团，用木板压成长方形，再用刀切成同样大小的两块。

（4）先将其中的一块铺上拌好的馅（豆沙馅、红果馅等均可），然后把另一块放在糖馅上面压平，再在上面撒上用红色素搓匀的糖粉 200g，用刀切成块即可。

七、高粱面驴打滚

1. 原料配方

黏高粱面 800g，糯米粉 200g，黄豆 300g，白糖 500g。

2. 操作要点

（1）磨粉　将黄豆淘洗干净，沥净水分，炒熟，趁热用食品加工机研磨成粉。

（2）和面、蒸制　将黏高粱面、糯米粉和 300g 白糖拌匀，再加入适量清水和成较软的面团，摊在盘内，上屉蒸 30min 至熟。

（3）整形　将蒸熟的面团取出，放在黄豆粉和白糖上擀成 0.5cm 厚的片，卷成卷，再切成 1cm 宽的条，装入盘内即成。

八、闽式食珍橘红糕

1. 原料配方

糕粉 1000g，白砂糖 1200g，金橘 48g，薯粉（撒粉用）60g。

2. 操作要点

（1）制糕粉　先将糯米过 14 目铁丝筛，除去米糠碎米，然后浸泡洗净，淋清后沥干。静置收干后，入锅加热砂炒，待米粒体积膨胀至一倍，出锅冷却，过筛去砂粒，磨成细粉。

（2）熬糖浆　白砂糖加水熬成糖浆，糖与水的比例为 5：3。糖水煮沸，白砂糖全部溶化后提净杂质，过滤冷却后备用。

（3）煮金橘　金橘加少量白砂糖和适量清水，加热熬煮，再切成碎块备用。

（4）制糕团　制糕团将糖浆、金橘碎块放在锅中搅拌均匀后，加入糕粉，用锅铲炒拌成软润、有弹性的糕团。

（5）成型　将调制好的粉团放在操作台上，分块、搓条，切成 3cm 长的小块，撒匀薯粉，筛净粉屑，进行成品包装。

第四节　粽子类

一、八宝粽

1. 原料配方

糯米、红米、黑米、黑麦片、蜜枣、绿豆、红豆、枸杞、百合（材料随自己喜欢，但总量与糯米的比例为 1：1，不能过多）各适量，白砂糖适量。

2. 操作要点

（1）糯米预处理　糯米浸泡一夜，红豆、绿豆、黑米、红米浸泡 24h，红枣、黑麦片、枸杞、百合浸泡几个小时。然后沥去水分，把除枣以外的材料加白砂糖拌匀。

（2）洗粽叶　粽叶彻底洗净，反正面都要清洗一下。剪掉梗，正面，也就是光滑的一面朝上。

（3）包制　舀一勺米，放一颗红枣，上面再盖上米。包好后拿棉绳系好。

（4）熟制　锅里烧足量水。水开后下粽子，大火半小时，转中火至少 1.5h。关火后可继续闷 1~2h。

（5）冷却　从锅内取出粽子倒入冷水中再次冷却（10min 左

右）后捞出，放在食品车上沥水。捞出粽子放在不锈钢速冻盘中，捞出时要把粽子上面粘的饭粒清洗掉，把破的、开裂的、掉线的都要挑出来。

（6）速冻　粽子在不锈钢盘中要把表面的水分吹干，然后在速冻库或速冻机中速冻，粽子的速冻时间为3～4h，粽子中心温度要达到-15℃以下。

（7）包装　速冻好的粽子先进行检测。检测好的产品应及时包装，防止因解冻而导致产品品质不良现象的发生。如不能及时包装，应送至冷库，包装前再取出。

（8）入库　封好箱的成品应及时入库，成品在外停留时间，夏季不超过15min，冬季不超过20min，成品按要求码好或按库管要求摆放。入库的产品必须堆放整齐，产品分类，以满足出货做到先入库产品先出库，以免产品在库中压库时间太长，而导致产品变质、过期等质量事故的发生。

二、排骨粽

1. 原料配方

糯米（浸泡一夜）、肋排（切成3～4cm的块）、老抽、生抽、黑胡椒粉、盐、糖、蚝油各适量。

2. 操作要点

（1）原料预处理

① 糯米　长粒与圆粒糯米都可以。若糯米为主料或者全部是糯米，最好少量添加一些粳米，避免煮好的粽子太黏。糯米要提前一天浸泡，但因为端午时节温度都比较高，所以浸泡时最好冷藏，避免滋生细菌变质。若做八宝粽，放豆类的材料，更要延长浸泡和煮的时间。

② 馅料　若是做肉粽子，肉要提前加调料腌制，可以提前一夜。馅料的选择上并无定论，可以随自己的口味海阔天空。

③ 排骨汤制作　肋排焯水，加老抽、生抽、黑胡椒粉、盐、

糖、蚝油拌匀，腌制半天，过夜更好。腌好的排骨与沥干水的糯米拌匀。

（2）包制　粽子不宜包裹太紧，因为煮的时候米会膨胀，得留出空间。一勺米，一块排骨，一勺米盖住排骨，包起即可。

（3）煮制　水开后加粽子，大火半小时，中火 1.5h。整个煮的过程，水要完全没过粽子。若中途水少了，要添足热水。煮好的粽子，关火后，不要急于捞出。继续在热水里焖 1~2h，这样粽子的口味更加软糯。

三、红糖粽

1. 原料配方

糯米（浸泡一夜）适量，白砂糖少许，红糖适量，面粉少许（面粉不要超过红糖的 1/4）。

2. 操作要点

（1）预处理　糯米沥干，拌入少许白砂糖。红糖加面粉拌匀，可以放入料理机的干磨刀打一下，加适量水或油，团成小团。

（2）包制　一勺糯米，一个红糖球，再一勺糯米。

（3）煮制　水开后下粽子。红糖馅的粽子，靠近里面红糖的糯米经常会出现夹生的现象。这是因为红糖馅太干，做馅的时候，可以水和油都加一些，量以稀到还能成团为准。可以煮 2~3h。

四、猪肉粽

1. 原料配方

糯米 10kg，鲜猪肉 6kg（肥瘦各半），黄酒 100g，酱油 600g，食盐 280g，白糖 500g，味精少许，苇叶适量。

2. 操作要点

（1）原料预处理　先将糯米淘洗干净，加白糖、食盐、酱油拌匀。再将猪肉切成长方形小块，与剩下的配料拌匀。

（2）包制　然后将苇叶卷成漏斗状，装入 40g 糯米，放上肥、瘦肉各一块，再加盖约 30g 糯米拨平，包好。

（3）煮制　将包好的粽子放入水中煮沸 1h 后，再用文火煮 1h 左右。蒸煮过程中要不断添水以保持原有水位，煮熟出锅即可。

五、兔肉粽

1. 原料配方

精白糯米 2.5kg，去骨兔肉 2kg，干粽叶 300g，干丝草 25g，白糖 100g，精盐 75g，红酱油 400g，料酒 40g，葱姜汁 50g。

2. 操作要点

（1）清洗沥干　将糯米淘净，检去沙石杂物，沥干水。

（2）腌制　将沥干水的糯米倒入缸内，加白糖、红酱油 200g、精盐 35g 拌匀。搁置 1h 之后，翻拌 1 次，包粽子前再翻拌 1 次，使米粒吸足调料。

（3）制粽叶　将干粽叶、干丝草放到沸水中煮成青色，捞起在冷水中洗净后浸泡于水中备用。

（4）制兔肉　将兔肉去骨、洗净，切成 100 小条块，每块 20g。用料酒、红酱油 200g、精盐 40g、葱姜汁与肉块拌和，腌制 1h 备用。

（5）包粽　取浸过水的大箬叶两张（小的要 3 张），叶尖相叠成一长条。叶一张正面，一张反面，正面包米。先折成三角尖盒，放到调好味的糯米及兔肉 2 块，然后包成四角枕头状，用丝草扎紧。

（6）煮粽　将生粽投入沸水锅内，水要漫过粽子 15cm，烧煮 4h 左右，端离火焖 5h 即成。

六、红枣粽

1. 原料配方

糯米 1kg，红枣 0.3kg。

2. 操作要点

（1）原料预处理　将糯米洗净，用凉水浸泡 2h 后捞出。

（2）包制　在卷成漏斗状的苇叶中装入糯米 30g，然后放上红枣 4 个，再盖上一层糯米。

（3）煮制　包好后，将粽子入锅，加满冷水盖好，用旺火煮2h 左右即可。蒸煮过程中要加水以保持原有水位。

七、咖喱牛肉粽

1. 原料配方

糯米（浸泡一夜）、牛肉、咖喱粉、生抽、老抽、盐、糖各适量。

2. 操作要点

（1）牛肉预处理　牛肉切小块加咖喱粉、生抽、老抽、盐、糖拌匀，腌制半天，过夜更好。

（2）拌和　腌好的牛肉与沥干水的糯米拌匀。

（3）包粽子　一勺糯米，加几块牛肉，再盖一勺糯米，包起来即可。

（4）煮制　水开后下粽子，大火半小时，中火 1.5h。

八、陈皮牛肉粽

1. 原料配方

泡过的糯米、绿豆各 1kg，牛肉、陈皮各 100g，猪肉末 50g，麻油 10g，猪油 50g，葱末、姜末、食盐各适量。

2. 操作要点

（1）原料预处理　用猪油将葱、姜末炒黄，依次放入牛肉、陈皮、猪肉末炒半分钟后，淋上麻油即成馅。

（2）包制　包时先填进拌匀的糯米和绿豆，将馅料夹在中间。

（3）煮制　包好后将粽子入锅排紧，放冷水至浸没粽子，旺火煮 1h 后，文火煮 1h 即可。

九、绿豆鸭蛋粽

1. 原料配方

糯米 1000g，绿豆 1000g，花生米 30g，熟咸鸭蛋蛋黄 7 个。

2. 操作要点

（1）预处理　将蛋黄切碎与糯米、绿豆、花生米拌匀成馅。

（2）包制　取泡过的苇叶折成漏斗状，填入适量馅料，包好后入锅内排紧。

（3）煮制　加入冷水浸没粽子，煮沸 1h 后，改文火煮 1h 即可。

十、果仁桂花粽

1. 原料配方

糯米 1kg，芝麻 100g，猪油 150g，白砂糖 300g，桂花 100g，食盐、淀粉各适量。

2. 操作要点

（1）馅料预处理　将白砂糖、芝麻、食盐、猪油拌匀，边搅边加入淀粉，然后放入桂花，拌匀后即成馅。

（2）包制　在折成漏斗状的苇叶中填入约占 1/3 体积的糯米后，再放入 1/3 的馅，最后再盖 1/3 的糯米。

（3）煮制　包好后，入锅排紧，放水至浸没粽子。旺火煮 1h 后，再用文火焖半小时即可。

第五节　寿司

一、香橙寿司

1. 原料配方

寿司饭 80g，香橙 1 个，玉米粒 10g，胡萝卜丁 10g，毛豆碎 10g，虾仁 6 个。

2. 操作要点

（1）原料预处理　将胡萝卜、香橙清洗干净，用刀将香橙对称切成两半，并挖去里面的果肉，胡萝卜切丁备用。

（2）拌饭　将寿司饭与适量毛豆碎、胡萝卜丁、玉米粒拌匀。

（3）装杯　将拌匀的寿司饭装入挖好的香橙皮中，注意不要装太满，一般八分满即可。

（4）装饰　表面装虾仁即可。

二、水果太卷寿司

1. 原料配方

大米 80g，哈密瓜 50g，沙拉酱 30g，海苔 1 张，香蕉 1 根，橙子 1 个，调料（绿芥末、面包糠、食盐、白兰地、白糖、白醋、白胡椒粉）适量。

2. 操作要点

（1）寿司醋制作　取白糖两勺（每勺 25g）、白醋两勺半（每勺 25g）、食盐 5g，调制时将食盐、白糖、白醋和匀，放入锅中加热，晾凉后即可使用。加热过程中要避免沸腾，避免降低醋的酸味。

（2）寿司饭制作　把大米淘洗干净（注意淘洗米时不要太用力，避免其中的维生素 B_1 流失）。将淘洗好的米放入电饭煲中，水量和米量的比例为 1：1，如果想增加饭的黏性，可在米中加入少量的糯米。煮好后，继续焖 10～15min，使米粒的口感更好。出锅后趁热将米饭盛入木桶中，按寿司醋和米饭 1∶5 的比例拌匀，制成寿司饭。注意此过程要趁热（40℃左右）进行，目的是让醋更加入味。搅拌时最好使用木勺和木制器具，且要用木勺对加了寿司醋的寿司饭进行"排剁"，以便将其搅匀，千万不可垂直搅拌，否则会造成米饭过度松散。待醋味充分浸入后，将寿司饭晾凉备用。

（3）原料预处理　香蕉去皮切条；哈密瓜去皮、去瓤，切成薄条；橙子去皮，切瓣，备用。当然，水果的种类可随自己喜好而定，注意水分含量过高的水果不宜多选。

（4）馅料制作　取整张完整的海苔，光面朝下平铺在卷帘上，把寿司饭均匀铺满海苔，边上留下一点余地用于黏合，压实。分别把切好的香蕉、哈密瓜、橙子码齐放在寿司饭上，然后把沙拉酱和绿芥末混合的酱汁浇在上面。

（5）定型　用竹帘卷起成筒状，定型 15min 后切成段，注意水果寿司保质期短，需及时食用。

三、大虾太卷寿司

1. 原料配方

无头虾 100g，寿司饭 200g，海苔 1 张半，油梨 1 个，鸡蛋 1 个，苹果醋适量，面粉适量，调料（绿芥末、面包糠、食盐、白兰地、白糖、白醋、白胡椒粉）适量。

2. 操作要点

（1）寿司醋制作　取白糖两勺（每勺 25g）、白醋两勺半（每勺 25g）、食盐 5g，调制时将食盐、白糖、白醋和匀，放入锅中加热，晾凉后即可使用。注意，加热过程中要避免沸腾，避免降低醋的酸味。

（2）原料预处理　大虾去头、去皮、去虾线，用手把筋捏断，捏成细长条，裹上面粉。将鸡蛋打入碗中，加入适量清水、面粉搅打成糊状。取蘸有面粉的大虾继续裹上蛋清面糊，下油锅炸熟取出备用；寿司饭趁热加入适量苹果醋拌匀备用；取油梨洗净，去皮去核，将果肉切片备用。油梨也可依个人喜好更换为其他水果品种。

（3）馅料制作　取整片完整的海苔，光面朝下平铺在竹帘上，把寿司饭铺在海苔上，注意要均匀铺开压实，防止卷起时米饭散开。前方留 1/5 的空间做封口，再将半张海苔横放在寿司饭中央。分别把切好的梨片、事先炸好的虾一起码齐放在半张海苔上，将绿芥末和沙拉酱混合成酱汁浇在上面。

（4）定型　提起竹帘，两手的后三指压在馅料上，在竹帘往前卷时，后三指方可离开，并且边卷边将竹帘往前拉，两手用力压紧，寿司饭才不会松开。直至卷完时，以水或者寿司饭粘起来封口即可，卷好的寿司切成数段即可食用。

四、香菇细卷寿司

1. 原料配方

大米 80g，海苔片 1 片，鲜香菇 100g，黄瓜丝 100g，调料（绿芥末、沙拉酱、酱油、食盐、白糖、色拉油、清酒、白醋）适量。

2. 操作要点

（1）寿司醋制作　取白糖两勺、白醋两勺半、食盐 5g，调制时将食盐、白糖、白醋和匀，放入锅中加热，晾凉后即可使用。注意，加热过程中要避免沸腾，避免降低醋的酸味。

（2）寿司饭制作　把大米淘洗干净（注意淘洗米时不要太用力，避免其中的维生素 B_1 流失）。将淘洗好的米翻入电饭煲中，水量和米量的比例为 1∶1，如果想增加饭的黏性，可在米中加入少量的糯米。煮好后，继续焖 10～15min，使米粒的口感更好。出锅后趁热将米饭盛入木桶中，按寿司醋和米饭 1∶5 的比例拌匀，制成寿司饭。注意此过程要趁热（40℃左右）进行，目的是让醋更加入味。搅拌时最好使用木勺和木制器具，且要用木勺对加了寿司醋的寿司饭进行"排剁"，以便将其搅匀，千万不可垂直搅拌，否则会造成米饭过度松散。待醋味充分浸入后，将寿司饭晾凉备用。

（3）香菇预处理　香菇去蒂后洗净，放入锅中加清酒、酱油、白糖煮熟，取出切条备用。清酒、酱油、白糖按照 1∶1∶1 的比例添加。如果用的是干香菇，要事先泡发，发好的香菇最好放在冰箱里冷藏一阵，避免营养流失太多。

（4）馅料制作　取整片完整的海苔，光面朝下平铺在竹帘上，把寿司饭铺在海苔上，注意要均匀铺开压实，防止卷起时寿司饭散开。前方留 1/5 的空间做封口。分别把切好的香菇条、黄瓜丝一起码齐放在寿司饭上，将绿芥末和沙拉酱混合成酱汁浇在上面。

（5）定型　提起竹帘，两手的后三指压在馅料上，在竹帘往前卷时，后三指方可离开，并且边卷边将竹帘往前拉，两手用力压紧，寿司饭才不会松开。直至卷完时，以水或者寿司饭粘起来封口即可，卷好的寿司切成数段即可食用。

五、黄瓜细卷寿司

1. 原料配方

大米 80g，黄瓜 1 根（约 150g），海苔片 1 片，调料（绿芥末、沙拉酱、酱油、食盐、白糖、色拉油、白醋）适量。

2. 操作要点

（1）寿司醋制作　同前。

（2）寿司饭制作　同前。

（3）原料预处理　将黄瓜洗净，一分为二从中间纵向切开，把中间部分的籽去掉，切分成筷子粗细的条备用。

（4）馅料制作　将半张海苔，光面朝下横放在竹帘上，把寿司饭铺在海苔上，注意要均匀铺开压实，防止卷起时寿司饭散开。前方留 1/5 的空间做封口。饭上抹适量的绿芥末。将切好的黄瓜条放在铺好的寿司饭中央，上面浇上适量的沙拉酱。

（5）定型　提起竹帘，两手的后三指压在馅料上，在竹帘往前卷时，后三指方可离开，并且边卷边将竹帘往前拉，两手用力压紧，寿司饭才不会松开。直至卷完时，以水或者寿司饭粘起来封口即可，卷好的寿司切成数段即可食用。

六、五角星形寿司

1. 原料配方

寿司饭 25g，熟白芝麻 10g，焦米豆 1 个。

2. 操作要点

（1）装模　将寿司饭填入五角星形的寿司模具中（模具上要蘸水）。

（2）压模　用专用压膜挤压寿司饭，要压紧压实。

（3）装饰　将压好的五角星形寿司表面均匀地粘上熟白芝麻，表面用焦米豆装饰即可。

七、火腿长方形寿司

1. 原料配方

大米 80g，薄百叶 1 片，黄瓜 1 根，火腿 1 根，胡萝卜 1 根，调料（料酒、白糖、鸡蛋、海苔、色拉油、酱油、食盐、白醋）适量。

2. 操作要点

（1）寿司醋制作　同前。

（2）寿司饭的制作　同前。

（3）原料预处理　把新鲜黄瓜、胡萝卜清洗干净，黄瓜刮丝，胡萝卜切丁，火腿切丁。

（4）火腿煎蛋制作　将鸡蛋打散，料酒和糖混匀加热至溶化，待糖液冷却，倒入鸡蛋中轻轻拌匀，待油烧热，投入搅拌好的蛋液，表面撒上火腿丁、胡萝卜丁。正反双面煎熟，用刀切成粗细一致的长方形。

（5）寿司馅料制作　将薄百叶铺在竹帘上，再将火腿煎蛋、黄瓜丝卷在里面备用。

（6）寿司制作　将海苔片放在长方形寿司模中，用寿司饭把模底部和边缘压实填平。再把卷好的寿司馅料放进去，注意要放在正中间。顶部填平寿司饭并压紧，再把海苔片放上去压平。

（7）脱模　用压膜从底部把压好的寿司推上去，即脱模。

（8）切块　用刀按缝隙口处切下，取出即可食用。食用时可搭配佐料，如日式酱油、芥末酱、沙拉酱、寿司姜等。

八、八爪鱼手握寿司

1. 原料配方

大米 80g，新鲜八爪鱼 150g，调料（寿司姜片、绿芥末、酱油、食盐、白糖、白醋）适量。

2. 操作要点

（1）寿司醋制作　同前。

（2）寿司饭的制作　同前。

（3）原料预处理　将八爪鱼洗净，顺着鱼腿伸展方向，切成薄片。八爪鱼腿可以横切和竖切，横切口感偏嫩，竖切口感筋道，因寿司独特的风格，这里采用竖切。

（4）馅料制作　将寿司饭分成大小适中的等份，每一份用手捏成椭圆形，注意不要用力过大，力道可使饭团黏在一起即可。将八爪鱼片抹上适量绿芥末，然后将有绿芥末的一面贴在寿司饭上即可食用。食用时可搭配寿司姜片，口感更佳。

九、基围虾杯装寿司

1. 原料配方

寿司饭 30g，基围虾 1 只，小番茄 1 个，毛豆碎 5g，小豆苗 2 根。

2. 操作要点

（1）原料预处理　将小番茄清洗干净，切分好备用。

（2）拌饭　将寿司饭与毛豆碎拌匀。

（3）装杯　将拌匀的寿司饭装入玻璃杯中，注意不要装太满，一般八分满即可。

（4）装饰　番茄一分为二，将基围虾和切分后的小番茄装饰在表面。最后用小豆苗作为点缀即可。

十、奶酪猪排太卷寿司

1. 原料配方

大米 80g，猪通脊 100g，奶酪片 2 片，海苔 1 张半，鲜鸡蛋 1 个，面粉适量，调料（猪排汁、面包糠、食盐、沙拉酱、白糖、白醋、苹果醋、白胡椒粉）适量。

2. 操作要点

（1）寿司醋制作　同前。

（2）寿司饭制作　同前。

（3）原料预处理　猪通脊洗净去血，沥干水，拍扁，撒适量食盐、白胡椒粉，裹上面粉、鸡蛋液、面包糠。放入油锅炸熟，取出切成条备用。奶酪片切成约 1cm 宽的条备用。米饭趁热加入适量苹果醋拌匀备用。

（4）馅料制作　取整片完整的海苔，光面朝下平铺在竹帘上，把寿司饭铺满海苔，注意要均匀铺开，压平，防止卷起时寿司饭散开。中间再放入半片海苔。分别把切好的猪排、奶酪片码齐放在半片海苔上，再浇上沙拉酱和猪排汁。

（5）定型　用竹帘卷起成筒状，定型 15min 后切段，即可食用。此寿司含有猪排和奶酪，做完需即食，不可隔夜食用。

十一、鸡肝牡蛎太卷寿司

1. 原料配方

鸡肝 50g，大米 80g，海苔半张，活牡蛎（生蚝）3 只，鸡蛋 1 个，油梨 1 个，沙拉酱 30g，蟹子适量，面粉适量，调料（绿芥末、面包糠、食盐、白兰地、白糖、白醋、白胡椒粉）适量。

2. 操作要点

（1）原料选择　寿司饭用米要求如下：

① 色泽洁白，颗粒饱满圆润，含水量略高。

② 煮后有较好弹性和黏性，有嚼头。

（2）寿司醋制作　同前。

（3）寿司饭的制作　同前。

（4）原料预处理　将活牡蛎从壳中取出洗净，均匀裹上面粉、鸡蛋液、面包糠，放入油锅中小火炸熟取出备用；鸡肝上撒少许食盐、白胡椒粉腌制，放入平底锅中煎熟取出备用；油梨洗净切分去核，再取果肉切片备用。如果有条件，可先用白兰地提前腌制鸡肝5～6h，这样鸡肝的口感会更佳。

（5）馅料制作　取整片完整的海苔，光面朝下平铺在竹帘上，把寿司饭铺在海苔上，注意要均匀铺开压实，防止卷起时寿司饭散开。前方留1/4的空间做封口，再将半张海苔横放在寿司饭中央。分别把切好的梨片，事先炸好的牡蛎和煎熟的鸡肝一起码齐放在半张海苔上，将绿芥末和沙拉酱混合成酱汁浇在上面。

（6）定型　提起竹帘，两手的后三指压在馅料上，在竹帘往前卷时，后三指方可离开，并且边卷边将竹帘往前拉，两手用力压紧，寿司饭才不会松开，直至卷完时，以水或者寿司饭粘起来封口即可，卷好的寿司切成数段即可食用。由于鸡肝保质时间不长，故需及时食用。

十二、火腿煎蛋太卷寿司

1. 原料配方

大米 60g，海苔片 1 片，胡萝卜丝 20g，黄瓜丝 20g，毛豆碎10g，火腿肠 1 根，鸡蛋 1 个，调料（沙拉酱、绿芥末、食盐、白糖、色拉油、白醋、料酒）适量。

2. 操作要点

（1）寿司醋制作　同前。

（2）寿司饭制作　同前。

（3）火腿煎蛋制作　用蛋液搅拌器将鸡蛋液轻轻打散，料酒和白糖混匀后加热至溶化，冷却后倒入打散的蛋液中轻轻拌匀，避免蛋液打发。取适量色拉油倒入平底锅中，加热后倒入拌匀的蛋液，表面撒上火腿丁、胡萝卜丝、毛豆碎。待煎至八成熟时，从中间一分为二，分别翻面，将上面的部分煎熟，取出，切成粗细均匀的长条形备用。

（4）馅料制作　取整片完整的海苔，光面朝下平铺在竹帘上，把寿司饭铺在海苔上，注意要均匀铺开压实，防止卷起时寿司饭散开。前方留 1/5 的空间做封口，分别把切好的火腿煎蛋条、黄瓜丝一起码齐放在寿司饭上，将绿芥末和沙拉酱混合成酱汁浇在上面。

（5）定型　提起竹帘，两手的后三指压在馅料上，在竹帘往前卷时，后三指方可离开，并且边卷边将竹帘往前拉，两手用力压紧，寿司饭才不会松开。直至卷完时，以水或者寿司饭粘起来封口即可，卷好的寿司切成数段即可食用。

十三、火腿奶酪细卷寿司

1. 原料配方

大米 80g，海苔片 1 片，火腿肠 1 根，奶酪片 1 片，调料（绿芥末、沙拉酱、酱油、食盐、白糖、色拉油、白醋）适量。

2. 操作要点

（1）寿司醋制作　同前。

（2）寿司饭制作　同前。

（3）原料预处理　将火腿肠和奶酪片切成条备用。

（4）馅料制作　将半张海苔，光面朝下横放在竹帘上，把寿司饭铺在海苔上，注意要均匀铺开压实，防止卷起时寿司饭散开。前方留 1/5 的空间做封口。将切好的火腿肠和奶酪条放在寿司饭中间，上面浇上绿芥末和沙拉酱混合的酱汁。

（5）定型　提起竹帘，两手的后三指压在馅料上，在竹帘往前卷时，后三指方可离开，并且边卷边将竹帘往前拉，两手用力压紧，寿司饭才不会松开。直至卷完时，以水或者寿司饭粘起来封口即可。卷好的寿司切成数段即可食用。

十四、芝麻芦笋细卷寿司

1. 原料配方

大米 80g，芦笋 4 根，白芝麻 20g，海苔片 1 片，调料（绿芥末、沙拉酱、酱油、食盐、白糖、色拉油、白醋）适量。

2. 操作要点

（1）寿司醋制作　同前。

（2）寿司饭制作　同前。

（3）原料预处理　将芦笋洗净，去老皮，放入开水中煮 30s 后取出，立即浸入冷水中冷却，捞出沥干备用；白芝麻加入适量的盐炒热待用。

（4）馅料制作　将切成 1/2 的海苔，光面朝下横放在竹帘上，把寿司饭铺在海苔上，注意要均匀铺开压实，防止卷起时寿司饭散开。前方留 1/5 的空间做封口。将芦笋放在铺好的寿司饭中间，芦笋上撒上一层白芝麻，上面浇上绿芥末和沙拉酱混合的酱汁。

（5）定型　提起竹帘，两手的后三指压在馅料上，在竹帘往前卷时，后三指方可离开，并且边卷边将竹帘往前拉，两手用力压紧，寿司饭才不会松开。直至卷完时，以水或者寿司饭粘起来封口即可。卷好的寿司切成数段即可食用。食用时可蘸日式酱油。

十五、虾仁沙拉军舰寿司

1. 原料配方

大米 80g，鲜虾仁 100g，海苔片 1 片，黄瓜 50g，生菜适量，调料（蛋黄酱、胡椒粉、绿芥末、酱油、食盐、白糖、白醋）

适量。

2. 操作要点

（1）寿司醋制作　同前。

（2）寿司饭的制作　同前。

（3）原料预处理　将鲜虾仁洗净，放入沸水中加入少许食盐煮熟，切成小块备用；黄瓜洗净，切丁备用；生菜洗净，切成细丝备用；海苔裁成均等三厘米宽的条状备用。市售的虾仁多为冻制品，解冻的方法直接影响虾仁的口感和营养成分的流失，用热水浸泡解冻的方式效果不理想，这里考虑用微波炉解冻。

（4）馅料制作　将切好的小虾仁、黄瓜丁、生菜丝，加入蛋黄酱、适量的胡椒粉拌匀待用。

（5）压膜　将寿司饭填入军舰寿司模具中，注意模具上药蘸水，用专用压膜挤压寿司饭，要压实压紧，周围用裁好的海苔围住。注意要预留虾仁沙拉的空间。

（6）点缀　将虾仁沙拉均匀地放在寿司饭上即可食用。

十六、培根紫苏手卷寿司

1. 原料配方

大米 80g，培根 60g，海苔半张，紫苏叶 1 片，蒜末 5g，调料（黑胡椒粉、黄芥末、色拉油、酱油、食盐、白糖、白醋）适量。

2. 操作要点

（1）寿司醋制作　同前。

（2）寿司饭的制作　同前。

（3）原料预处理　平底锅中加入适量色拉油，待油烧热，放入培根，撒上胡椒粉、蒜末慢慢煎熟，取出晾凉，切成大小均匀的片备用。

（4）定型　将寿司饭捏成团放在海苔一角，上面涂抹黄芥末，将洗净的紫苏叶平铺在寿司饭上，再将煎熟的培根放在紫苏叶上，将海苔卷起呈锥形即可。

十七、明太子紫苏细卷寿司

1. 原料配方

大米 80g，海苔片 1 片，明太子 60g，紫苏叶 4 片，熟白芝麻少许，调料（沙拉酱、酱油、食盐、白糖、色拉油、白醋）适量。

2. 操作要点

（1）寿司醋制作　同前。

（2）寿司饭制作　同前。

（3）原料预处理　将明太子放在小火上稍微烤一下，将上面的膜去除；取紫苏叶洗净，沥干，切成丝备用。

（4）馅料制作　将切成 1/2 的海苔，光面朝下平铺在竹帘上，把寿司饭铺在海苔上，注意要均匀铺开压实，防止卷起时寿司饭散开。前方留 1/5 的空间做封口。将明太子铺在寿司饭上面，再放上切好的紫苏丝，撒上白芝麻。

（5）定型　提起竹帘，两手的后三指压在馅料上，在竹帘往前卷时，后三指方可离开，并且边卷边将竹帘往前拉，两手用力压紧，寿司饭才不会松开。直至卷完时，以水或者寿司饭粘起来封口即可。卷好的寿司切成数段即可食用。

十八、三文鱼梅子太卷寿司

1. 原料配方

三文鱼鱼肉 100g，大米 80g，梅子 10 粒，海苔 1 张，绿叶生菜叶适量，调料（绿芥末、食盐、白糖、白醋、白胡椒粉）适量。

2. 操作要点

（1）寿司醋制作　同前。

（2）寿司饭制作　同前。

（3）原料预处理　三文鱼肉放入油锅煎熟或者烤热，用勺子压碎。梅子去核后，一分为二；绿叶生菜洗净备用。

（4）馅料制作　取整片完整的海苔，光面朝下平铺在竹帘上，把寿司饭铺满海苔，注意要均匀铺开压实，前端留 1/4 空间做封口。洗净的绿叶生菜放在寿司饭中间。将压碎的三文鱼肉和梅子肉放在绿叶生菜上，适量加些绿芥末。

（5）定型　提起竹帘，两手的后三指压在馅料上，在竹帘往前卷时，后三指才可离开，并且边卷边将竹帘往前拉；两手用力拉紧，寿司饭才不会松开，直至卷完时，封口以水或寿司饭粘起来即可。待定型 15min 后切成数段，即可食用。食用时可以蘸上佐料，如寿司酱油、芥末酱、寿司姜等。

第四章　米制油炸糕点生产

第一节　煎饼类

一、五色玉兰饼

五色玉兰饼是江苏地区小吃，以糯米细粉及面粉制成馅饼，平锅煎炸成两面金黄，外脆内绵。馅分鲜肉、豆沙、玫瑰、白糖芝麻、猪油青菜五色。因最初每种馅心内均加入玉兰花瓣，所以得名。

1. 原料配料

糯米粉 10kg，面粉 2kg，豆油 640g，鲜肉馅 1kg，猪油青菜馅 1kg，豆沙馅 1kg，玫瑰馅 1kg，白糖芝麻馅 0.8kg，开水 1.2kg，冷水 4kg。

2. 操作要点

（1）和面　面粉用 1.2kg 沸水冲泡成浆状，再将糯米粉用冷水 4kg 调成浆状，二者混合拌和擦揉均匀，醒约 5min 即可制皮，每只皮重为 40g。

（2）包馅　将柔软的粉团捏成圆形凹底皮子，包入馅心收口稍搂即成饼坯。包入不同馅心需捏成不同形态，以便识别。

（3）油煎　平底锅放入豆油，用旺火烧热，然后把饼坯放入锅内，先正面朝下煎，待饼发起，翻面煎约 5min，再翻面煎约 2min 即可起锅。

二、糯米红薯饼

1. 原料配方

红薯 1000g（去皮后净重，切厚片）；糯米粉 200g，白糖 100g。

2. 操作要点

（1）制红薯泥　将红薯放沸水蒸锅架上，用中大火蒸 15min 到熟透后，取出后趁热搅拌成泥。

（2）和面　放入糯米粉、白糖、约一汤匙水，充分揉匀（干湿度适中）。

（3）整形　取适量薯泥用双手先搓成丸子，再用双掌拍打成饼状。

（4）油煎　锅中放油烧到八成热，放入薯饼用中火煎 8min。煎的过程中要时经常将薯饼翻面，两面都要煎好。

（5）沥油　熄火后用铲将每个薯饼在锅边压出油分。

三、小米面菜烙饼

1. 原料配方

小米 1000g，豆腐 600g，米粉条 200g，韭菜 300g，花生油 100g，葱末 6g，姜末 6g，精盐 10g。

2. 操作要点

（1）调糊　将小米淘洗干净，用水泡透，用磨把小米磨成糊，用鏊子把米糊摊成 7 个煎饼。

（2）制馅　把豆腐、米粉条煮透后，剁碎，韭菜洗净切碎。炒勺里加花生油（30g），油热后加入葱末、姜末，炸出香味后，加入豆腐煸炒 1min，放入米粉条、精盐拌炒一会，盛出晾凉后放入韭菜拌匀，制成馅。

（3）整形 把煎饼铺平，把豆腐菜馅（100g）放在煎饼上，摊成方形，将煎饼四边向内折，包成方形。

（4）烙制 向鏊子里抹上花生油（20g），将已填好馅的煎饼包口朝下，用小火烙约1min，刷上油，翻过来再烙1min，烙至发黄时，再对折成长方形，翻两次，烙至深黄色即成。

第二节　麻团

一、豆沙麻团

1. 原料配方

吊浆粉1000g，澄粉200g，豆沙馅400g，白糖300g，去壳白芝麻200g，泡打粉少许，猪油200g，豆油500g。

2. 操作要点

（1）调制面团 先将白糖加入适量的开水溶化成糖液待用。将澄粉加入适量的沸水烫成较软的熟面团，然后与吊浆粉、少许泡打粉和少许猪油一起，加入适量的糖液调制成软硬适中的面团，分成剂子即成皮坯。

（2）包馅成形 取和好的面皮坯，用手按成凹形，包入豆沙馅封口捏成球状体，并将其搓圆立即放入白芝麻中，使其表面均匀地粘裹上一层芝麻并搓紧即成生坯。包馅成形时要将豆沙包于正中央，且芝麻要搓紧。

（3）炸制 将锅放到火上加热，再加入较多的豆油烧至二成热时，放入麻团生坯慢慢浸炸，炸至麻团浮面，再升高油温炸至麻团色浅黄、皮酥脆即可起锅。炸制时把握好油温，不宜过高。

二、紫薯麻团

1. 原料配方

糯米250g，泡打粉1g，紫薯2个，白糖50g，白芝麻适量，植物油适量。

2. 操作要点

（1）糯米预处理　将清洗干净的糯米倒入缸内用清水浸泡一天，中间换洗两遍，待浸透后，捞起冲洗沥干，粉碎并过60目筛。

（2）蒸紫薯　将紫薯清洗干净，去皮，切成薄片，加入适量清水，上锅蒸熟。

（3）调制面团　把白糖用温水溶开，待冷却后倒入制备好的糯米粉中，加入泡打粉，揉制面团至软硬适中为止。

（4）制备紫薯泥　将蒸熟的紫薯捣碎压成泥状。

（5）切分面团　将上述和好的糯米面团倒在案板上，将其分成若干个大小均匀适中的子面团待用。

（6）包馅　取上述切分好的子面团，搓圆压扁，放入紫薯泥，像包汤圆一样包起来，用手团成球形。

（7）上芝麻　将包裹好紫薯泥的糯米圆团放在芝麻（白芝麻仁最佳）里滚一圈，注意让每个麻圆外坯子都均匀地裹上一层芝麻，并稍微用力使其压紧，不宜脱落。

（8）炸制　将植物油倒入锅中，待油加热至五成，分批投入麻团，火候保持中小火，期间可用竹筷轻轻捞拨几下，以免黏结在一起，炸至麻团表面微黄即可捞出，将油沥干。

三、鸳鸯麻团

1. 原料配方

椰蓉50g，糯米粉250g，全蛋25g，黄油25g，牛奶25g，泡打粉一茶匙，白糖50g，黑芝麻50g，白芝麻50g，调和油适量。

2. 操作要点

（1）黄油预处理　黄油放入洁净的碗中提前在室温下软化。

（2）制备椰蓉馅　用蛋抽把软化的黄油搅打均匀，加入全蛋液，搅打均匀后再加入椰蓉拌匀。最后加入牛奶，用蛋抽搅

124

打均匀，静置 15min 使椰蓉充分吸饱牛奶，这样椰蓉馅会更加饱满。

（3）制作面团　把糯米粉倒入洁净的不锈钢盆中，加入一茶匙泡打粉拌匀。取适量清水加热到微温后，放入白糖，搅拌溶化后把糖水分次加入糯米粉中，一边加水一边搅拌。再加入适量调和油把面揉搓成光滑的面团。

（4）切分馅团　把制备好的椰蓉馅均匀切分成若干个大小适中的小馅团，揉圆。

（5）切分面团　把制备好的面团均匀切分成若干个大小适中的小面团，揉圆（比馅团稍大即可，使面团恰好能够包裹住馅团）。

（6）包馅　取一个揉好的小面团轻轻压扁，包入馅团慢慢收口后，揉圆制成圆球形生坯。

（7）上芝麻　将所有圆球形生坯均匀分成两批，一批放在白芝麻里滚一圈，一批放在黑芝麻里滚一圈。注意让每个麻圆外坯子都均匀地裹上一层芝麻，并稍微用力使其压紧，不宜脱落。

（8）炸制　取适量调和油倒入炸锅中，加热至五成热后即可分批投入麻团，小火慢炸至麻团呈淡黄色，即可捞出放在沥油架上沥油。

四、空心大麻团

1. 原料配方
糯米粉 1000g，水 650g，白糖 200g，泡打粉 20g，小苏打 5g。

2. 操作要点
（1）面团调制　首先把 500g 糯米粉与水倒入不锈钢盆中，搅拌，这里水要分 3 次添加，搅拌均匀，反复揉制成绵软的面团（面团不能含有生面块）。

（2）面团煮制　将上述和好的面团切分成若干大小适中均匀一致的子面团，每个子面团重约 50g。锅中加入适量清水煮沸，加入上述子面团放入锅中煮制。

（3）面团二次调制　待面团煮至全部漂浮，捞出冲凉，沥干水分，加入糯米粉 500g，泡打粉 20g，小苏打 5g，白糖 200g，一起搅拌 10min，然后刮出搓成长条，并切分若干个重量约 250g 大小的小面团。将小面团揉成球状，制成麻球生坯（生坯的大小可根据需要进行改动，一般生坯直径大小为 5cm 左右即可）。

（4）上芝麻　将麻球生坯放入芝麻碗里滚动，注意待麻团生坯表面芝麻粘均匀后，一定要用双手用力将麻团团紧，使芝麻粘牢固，否则入油后芝麻容易脱落。

（5）入油　炸空心大麻球最关键的一步就是控制油温。待油温烧至三成热，将制作好的麻团生坯投入锅中，避免刚下锅时油温太高使得麻团生坯表面结成脆皮，很难再膨胀起来；油温太低则很容易压破，且芝麻脱落。炸制过程中，将麻团生坯放在漏勺中，一并入锅内油中浸炸至油温升至五成热左右，改成小火使油温保持五成热继续炸制。

（6）压制　压制的目的是将麻团中的空气压出，以便使麻球膨胀。大麻团在油中浸炸的同时要不断压制，开始要轻轻地压，以免挤破，待稍胀大后再用力压。压的时候要保持均匀受压，直到麻球全部变软、感觉不到硬块时为止。如果刚开始压的时候不慎出现小破洞，就把洞翻到下面，同时用勺压一下，可以堵上小洞；但是如果胀大到一定程度后再出现破洞就无法补救了。

（7）淋炸　因麻球涨大后很难浸到油中，所以采取淋炸的方法，即把麻球放在漏勺中，不断用勺子舀起烧至五成热的油均匀地淋炸，边淋边晃漏勺以使麻球转动，使之均匀受热。同时慢慢把火改小以逐渐降低油温，炸至麻球胀大到生坯的 5～6 倍时，把油温降至三成热，因为麻球越胀大皮越薄，如果不降低油温很容易炸焦。

（8）转动　大麻球炸好后要在漏勺中不停转动，直到麻球变硬，这样可以保持麻球口感的脆度，否则吃起来会有牛皮糖的感觉。

五、彩色小麻团

1. 原料配方

糯米粉 250g，番茄 1 个，肉馅 100g，紫薯 2 个，炼奶 50g，白糖适量（根据个人口味量添加），色拉油适量，熟白芝麻适量。

2. 操作要点

（1）紫薯蒸制　紫薯去皮，切成薄片，上锅蒸软，趁热取出，加入 50g 炼奶压烂拌匀。

（2）紫色面团调制　一部分紫薯趁热加入糯米粉，白糖经适量温水溶化，分 3 次加入糖水，边揉边加，揉制成表面光滑不粘手的面团备用。

（3）粉色面团调制　番茄清洗干净打汁，稍微加热，将糯米粉倒入热番茄汁中，加入白糖，揉制成不粘手表面光滑的面团备用。

（4）面团切分　将上述制备好的两种颜色面团，切分成大小均匀一致的子面团。揉至圆球形备用。

（5）制馅　取上述切分好的紫色子面团，按压至扁，包入适量肉馅，收口搓圆，粉色子面团则按扁，包入紫薯馅，收口搓圆。

（6）上芝麻　将紫色和粉色麻团生坯子外表皮沾水或蛋清，均匀地粘上芝麻，并稍微用力使其压紧，不宜脱落。

（7）炸制　小火炸至定型，此时轻轻晃动油锅，并用竹筷或漏勺轻轻翻转麻团，待麻团开始漂浮于油层，用勺背轻压，直至麻团炸至两面金黄，捞出沥干油。

六、黑芝麻麻团

1. 原料配方

糯米粉 480g，面粉 60g，黑芝麻 150g，红糖 60g，白糖 60g，开水 450mL，泡打粉少许，植物油适量，熟白芝麻适量。

2. 操作要点

（1）打粉　将生黑芝麻小火炒熟，加入 60g 红糖，一并放入料理机打成粉状备用。

（2）和面　取 60g 左右白糖，加入 450mL 左右的开水，迅速搅拌至完全融化，随后将面粉和泡打粉一起放入糯米粉中混匀，边加糖水，边快速搅拌，注意糖水分次加入，观察糯米粉团的湿度慢慢加入。揉捏糯米面团，让糖水充分吸收，揉捏至面团表面光滑且有光泽。迅速盖上保鲜膜，避免糯米团风干。

（3）制作麻团　事先将熟白芝麻放入碗中备用，再准备一碗清水，将糯米团一次性切分成若干个大小均匀适中的小面团（20g 左右），或者从糯米团中取小块糯米块，剩下的继续用保鲜膜覆盖。将分好的子面团搓圆，包入事先打好的黑芝麻红糖粉。收口之后继续搓圆，尽量搓光滑些，如果糯米团表面不够湿润，可在手心沾少许的水，轻轻搓面团，以便于表面粘上芝麻。将搓好的麻团在芝麻碗里滚动一圈，放在手心，轻轻压紧，避免芝麻脱落。

（4）炸制　锅中放入适量植物油，油量要没过入锅时的麻团，待油加热至大约五成热（此时手放到油面上方不会感到烫手），投入制作好的麻团炸制，保持五成热即可。切记不可用大火，否则麻团会炸开。待麻团呈现微黄色，且浮在油层表面，再炸至颜色略为加深，期间用筷子不断轻轻搅拌翻动，避免粘锅底。捞出沥油。

七、细沙芝麻团

1. 原料配方

糯米 1000g，籼米 250g，熟面粉 125g，猪油 175g，黑芝麻 100g，白糖适量（根据个人口味量添加），白芝麻适量。

2. 操作要点

（1）原料预处理　把糯米和籼米一起淘洗干净，放入不锈钢盆中，加入适量清水浸泡两天。

（2）制备吊浆粉　把泡好的糯米和籼米磨成极细的粉浆，装入细纱布袋，悬吊于空中，沥干水后即为吊浆粉。

（3）制作黑芝麻粗粉　黑芝麻去除杂质淘洗干净，用小火烘炒出香味，再碾压成粗粉。

（4）制馅　把白糖、熟面粉、黑芝麻粗粉放入不锈钢盆中搓匀，再加入猪油揉搓均匀，放在案板上压成一块。切分成若干个大小均匀适中的小方块，再逐个搓圆即成馅团。

（5）制备面团　把吊浆粉加入适量清水，揉搓均匀后切分成若干个大小均匀适中的小面团，搓圆（小面团比馅团稍大即可）。

（6）包馅　取小面团压扁包入馅团，捏拢封口，搓成圆球形生坯。

（7）上芝麻　将球形生坯放在白芝麻里滚一圈，注意让每个麻圆外坯子都均匀地裹上一层芝麻，并稍微用力使其压紧，不宜脱落。

（8）炸制　将植物油倒入锅中，加热至五成热即可分批投入麻团，火候保持中小火。期间可用竹筷轻轻拨动几下，以免黏结在一起，炸至麻团表面微黄即可捞出，在沥油架上将油沥干。

八、豆沙芝麻团

1. 原料配方

糯米粉 600g，红豆沙 350g，鸡蛋 4 个，白砂糖约 120g（可根据个人口味添加），小苏打 4g，熟白芝麻适量，植物油适量。

2. 操作要点

（1）面团调制　糯米粉中加入适量小苏打、白砂糖（不宜过多，若白砂糖添加量过多，则在炸制过程中芝麻团还未成熟就已经色泽呈现金黄色，继续炸下去可能会使表面炸煳，味道发苦）、鸡蛋（直接打进去），搅拌均匀，分次加入温水和一勺油，和成较软的面团，盖上保鲜膜醒发 15min。

（2）面团切分　将上述醒发好的面团和红豆沙分别分成若干大小均匀适中的子面团和红豆沙团，子面团约 20g 一个，红豆沙团约 10g 一个。

（3）包馅　将切分好的面团小剂子揉圆按压，放上事先分好的红豆沙馅。包裹完好后，收口继续搓至球形。

（4）上芝麻　将上述揉圆后的麻团表面沾少量水或鸡蛋清，在事先准备好的白芝麻碗里滚动一圈，使麻团表面粘满芝麻，并稍微用力使其压紧，不宜脱落。

（5）炸制　锅中倒入适量植物油，待油烧至四成热后，投入制作好的芝麻麻团，用勺子轻轻推动几下，以免粘锅。待油温升至六成热，麻团开始鼓起，继续炸至金黄色后捞出沥油。注意炸制麻团时油温先低后高，以利于麻团膨胀。整个过程中要不停地用勺子推动并挤压麻团，避免麻团因受热不均而炸焦。

九、葛根粉芝麻团

1. 原料配方

葛根粉 200g，糯米粉 300g，用食用绿色素调匀的椰丝 100g，洋葱瓣 30g，泡打粉 15g，白糖 200g，白芝麻 30g，植物油适量。

2. 操作要点

（1）饧面　将葛根粉、糯米粉、白糖和水放入不锈钢盆中搅拌均匀，醒发 30min，备用。

（2）制作面团　往醒发好的面加入泡打粉，揉搓至气孔小而均匀时即可。

（3）切分面团　把揉好的面团均匀地切分成若干个大小适中的子面团，一一搓成球形。

（4）上芝麻　将球形生坯放在白芝麻里滚一圈，注意让每个麻圆外坯子都均匀地裹上一层芝麻，并稍微用力使其压紧，不宜脱落。

（5）炸制　将植物油倒入锅中，加热至五成热即可分批投入麻团，火候保持中小火，期间可用竹筷轻轻拨动几下，以免黏结在一起，当芝麻团体积膨胀到下锅前的五倍大小时即可出锅。放在沥油架上沥油。

（6）拼盘　取一洁净的盘子，铺上椰丝、洋葱瓣点缀，再放入炸制好的芝麻团即可。

十、紫薯香蕉麻团

1. 原料配方

紫薯一个，香蕉一根，牛奶 50g，糯米粉 100g，熟白芝麻适量，白糖适量（根据个人口味添加）。

2. 操作要点

（1）香蕉预处理　取新鲜香蕉去皮，均匀分成大小适中的几份，放入洁净的碗中备用。

（2）蒸紫薯　将紫薯洗净去皮，切成薄片，加入适量清水上锅蒸熟，蒸熟后捞出晾凉备用。

（3）醒发面团　把晾凉后的紫薯放入不锈钢盆中，加入糯米粉搅匀。搅匀后加入适量的牛奶，搓成团，醒发 20min 左右。

（4）切分面团　将醒发好的面团均匀切分成若干个大小适中的小面团，揉圆。

（5）包馅　取小面团压扁包入经过预处理的香蕉，捏拢封口，搓成圆球形生坯。

（6）上芝麻　将圆球形生坯放在白芝麻里滚一圈，注意让每个麻圆外坯子都均匀地裹上一层芝麻，并稍微用力使其压紧，不宜脱落。

（7）炸制　取适量植物油倒入炸锅中，加热至五成热后即可分批投入麻团，小火慢炸至麻团浮起，即可捞出放在沥油架上沥油。

十一、南瓜红豆麻团

1. 原料配方

糯米粉 500g，南瓜 500g，红豆 250g，泡打粉 3g，白芝麻 30g，植物油适量，白砂糖适量（根据个人口味添加），水适量。

2. 操作要点

（1）红豆预处理　将红豆清洗干净，用清水浸泡一天。

（2）煮制红豆　锅内放入适量清水，水和红豆比例为 2：1，大火至煮沸后关火，不要掀开锅盖，焖 4～5h，再煮至沸，继续关火焖 4h。这样做是为了保持煮出来的红豆的完整性，然后搅拌均匀，加入适量白砂糖，拌匀后，用压子或捣蒜槌子捣至所需状态备用。

（3）制备南瓜泥　南瓜去皮，切成薄条状，加入适量清水，上锅蒸熟，蒸熟后压成南瓜泥，连同汁液倒入糯米粉中。

（4）调制面团　糯米粉中加入适量的泡打粉拌匀，用手揉制成光滑的糯米粉团，注意糯米粉团不能调制得太硬或太软，粉团过硬容易爆裂，粉团过软又难以成形，所以要边揉制边加水。调制好的面团醒发 10min。

（5）切分面团　将上述和好的糯米面团切分成若干个大小适中的子面团，揉圆，注意子面团要大小均匀。

（6）包馅　取一个切分好的子面团，按扁，中间放上红豆馅包好，用手搓至球形，外皮滚上一层均匀的白芝麻，并稍微用力使其压紧，不宜脱落。

（7）炸制　锅中倒入菜油，烧至五成热，将制作好的生麻团放入油锅中，稍微定型后用竹筷轻轻搅拌，防止粘锅底，中小火慢慢炸至麻团进一步增大，自动浮起后捞出沥油。

（8）摆盘　盘底铺上吸油纸，将炸好的麻团放入盘中。

第三节　炸糕

一、烫面炸糕

1. 原料配方

糯米面 300g，红糖 150g，白糖少量，植物油适量，开水适量。

2. 操作要点

（1）烫制面团 先往糯米面中加入适量白糖搅拌均匀，然后冲入开水，迅速搅拌成烫面团。加入少量植物油将面团反复揉至绵软、表面似出汗状，盖上湿布静置醒发。

烫制面团注意事项如下。

① 烫制面团的用具 一般来说烫制面团应选用陶瓷盆或不锈钢盆，最好不要用铁锅，因为铁锅里的黑锅屑极易脱落，会影响面团质量。

② 烫制面团的水温 烫制面团的水温最好控制在 88～95℃ 之间。烫制面团时，水温过高，面团会被"烫死"，这样就失去了筋力，食用时口感较差；水温过低，则会出现面团夹生、发黏等现象，制成的炸糕就成了死面块，吃着有如嚼皮筋。

③ 烫制面团的配方比例 面粉与水的比例为 1∶1.4。

（2）制作面坯 将面团分成若干个子面团。取一个子面团，两手捏薄，包入红糖（或白糖），并在糖上撒少许面粉，包成圆形，轻轻拍扁，制成面坯放在托盘上码整齐。

注意事项如下。

① 子面团大小要适中。子面团过大在炸制的时候会出现外熟内生的现象，子面团过小容易炸焦。

② 在红糖和白糖上撒上少许面粉，可以防止糖受热后爆溅，少许即可，面粉多了会影响糖的流动性。

③ 托盘上要涂上一层油，避免面坯与托盘粘连在一起。

（3）炸制 锅中倒入足量的油烧至八成热时，依次下入面坯，迅速将油温提高到九成热。炸至糕浮上来后，用筷子翻转几次，炸成金黄色时取出在沥油架上沥油即可。

注意事项如下。

① 烹调用油的选择 制作炸糕需选用植物油，尽量不用动物油，因为动物油炸制的炸糕，冷却后便面会出现一层凝固脂肪，食用时会有油腻的感觉。此外，植物油也不要选棉子油和花生油。棉子油含有特殊异味，用它制成的炸糕往往伴有油腥味，难以下咽；

花生油炸制成的炸糕色泽浅淡，不够美观。炸制炸糕最适宜的烹调油是上等的菜子油，用这种油炸制的炸糕上色较快，成品气味也芬芳。

② 炸制过程中切忌用勺推动炸糕生坯，以免炸糕坯相互挤压变形。

③ 炸制过程中，要用筷子多次翻转面坯以保证炸糕两面上色均匀。

二、枣泥炸糕

1. 原料配方

糯米粉 240g，面粉 60g，枣泥 250g，植物油适量，开水适量。

2. 操作要点

（1）混合面粉　取适量糯米粉和面粉混匀（糯米粉占百分之八十，面粉占百分之二十）。

（2）制作面团　往混匀的面中加入适量开水，（一边倒开水一边搅拌），再晾凉。晾凉后反复揉搓，直至成为均匀、柔软的面团备用。

（3）制馅　将准备好的枣泥馅团成团备用，馅团如乒乓球大小即可。

（4）切分面团　将揉搓均匀的面团切分成大小均匀适中的若干子面团。搓圆，大小比馅团稍大一圈即可。

（5）包馅　把面团做成碗状，放入馅团，收口。搓圆后按压成一厘米厚的圆饼状生坯，放在托盘上码放整齐。

（6）炸制　做好的生坯放入烧好的油中，看到小饼微微鼓起，两面金黄捞出在沥油架上沥油即可。

三、糯米豆沙炸糕

1. 原料配方

糯米粉 180g，高筋面粉 40g，豆沙馅（或红小豆馅）200g，干酵母 3g，红糖 30g，清水适量。

2. 操作要点

（1）制作面团　把糯米粉、高筋面粉和干酵母拌匀，加入清水搅拌后揉搓成面团。

（2）发酵　取一个洁净的不锈钢盆，注入适量清水，然后把和好的面团放入清水盆中，进行慢速发酵。

（3）制馅　在从市场上购买的豆沙馅中加入 30g 红糖混合搅拌均匀备用。

（4）再制面团　倒掉盆中的清水，把发酵好的面团重新揉一遍。

（5）切分面团　把揉好的面团均匀地切分成大小适中的若干子面团，搓圆，码整齐。

（6）包馅　取子面团按扁，包入适量制备好的豆沙馅，捏合后团圆，按压成圆饼状制成生坯。

（7）炸制　取适量植物油倒入炸锅中，加热至六七成热时放入生坯开始炸制，边炸边用筷子不停翻转，至两面呈金黄色时即可出锅，放在沥油架上沥油。

3. 技术控制

① 切分的子面团比馅团稍大一圈即可，使其恰好能包住馅团为最佳。

② 因江米面黏性较大，包馅的时候要在手上涂油避免面团粘在手上。

③ 生坯码放在托盘上时，要在托盘上涂油，避免生坯与托盘粘连在一起。

四、耳朵眼炸糕

1. 原料配方

糯米 500g，大米 500g，赤小豆 500g，红糖 500g，植物油 1000g，清水适量。

2. 操作要点

（1）碾面　大米和糯米的用量需要根据糯米实际黏度而定。将米过筛去杂，用清水淘洗三次，然后放锅中用净水浸泡 24h，至米粒松软时捞出。用水磨碾成米面酱，用白布袋把米面酱装起来，放在挤面机上，把袋内水分挤出去，500g 米出 800g 湿面。

（2）发酵　湿米面经过发酵（发酵时间根据温度情况而定，一般春秋季需要 12h，冬季 48h，夏季随时可用），放到和面机内和好备用。

（3）制馅　将赤小豆去杂除净，按投料标准加入碱面，放在锅内煮熟，用绞馅机绞烂，放入红糖拌匀待用。

（4）包馅　将和好的面分成若干大小适中的小面团，将小面团逐个擀成炸糕皮，包入豆沙馅 30g，制成生坯。

注意事项：

① 小面团大小适中即可，每个小面团约重 65g。面团过小容易炸焦，面团过大容易出现外皮焦而馅心不熟的情况。

② 炸糕面皮和馅料的比例为 1∶1，糯米面团可以轻松包裹住馅料即可。

（5）炸制　油锅内注油，烧至五成热时下入包好的生坯糕，逐渐加大火力，用长铁筷勤翻勤转，以糕不焦为准，炸 25min 左右即可出锅。

五、黄米面炸糕

1. 原料配方

黄米面 160g，糯米粉 80g，豆沙馅 220g，一茶匙酵母，白糖一小勺（根据个人口味添加），清水适量。

2. 操作要点

（1）揉制面团　将黄米面和糯米粉倒入不锈钢盆中，接着放入酵母、白糖。分少量多次把清水倒入盆中，将面团反复揉至绵软、均匀、无干面块即可。

（2）**制坯**　将揉好的面团分成若干个大小适中的子面团，用手压成圆饼状制成生坯。

（3）**蒸制**　将生坯放入铺有湿笼布的蒸锅内，水开后蒸制20min后关火。

（4）**捣碎**　将蒸好的面坯放入不锈钢盆中，用擀面杖不停地捣碎，直至面坯呈非常细腻的状态。

（5）**切分面团**　将捣碎后的面坯分成若干个大小适中的子面团。

（6）**包馅**　取子面团用手揉圆后按扁，放入一颗事先滚圆的豆沙馅，将四周用力捏合，滚圆后按扁制成面坯。用牙签在面坯上扎一些小孔。

（7）**炸制**　往不锈钢锅中注入适量植物油，烧至五成热后依次将面坯放入油锅中，炸至两面金黄后捞出在沥油架上把油沥干即可食用。

3. 技术控制

① 黄米面和糯米粉的比例是 2∶1，黄米面可使炸糕的外层更加香脆，糯米粉可使炸糕的口感更加黏糯柔滑。

② 加入适量酵母，可以使炸糕的外皮在经过油炸后，充满诱人的小泡泡，口感更加焦脆。

③ 加入适量白糖，即可在油炸时更好地上色，也可使黄米面的口感更好。

④ 先将面团蒸熟后再进行炸制，这样会减少油的吸入，使炸糕的口感香而不腻。

⑤ 在进行炸制前，要先用牙签在做好的面坯饼上扎一些小孔，这样可防止炸糕在制作过程中爆裂。

六、紫薯杂粮炸糕

1. 原料配方

紫薯 150g，糯米粉 200g，白糖 30g，杂粮米饭 30g，蜂蜜少许，面包糠少许，植物油适量。

2. 操作要点

（1）紫薯预处理　将紫薯清洗干净，去皮，切成薄片，加入适量清水，上锅煮熟备用。

（2）制备薯泥　将蒸熟的紫薯捞出放入不锈钢盆中趁热加入白糖，搅拌，压碎制成紫薯泥，冷却。

（3）制馅　往紫薯泥中加入糯米粉搅拌均匀后再依次加入适量杂粮米饭、蜂蜜、白糖搅拌均匀制成紫薯糯米饭。

（4）制作生坯　取一小团紫薯糯米饭，团圆，放在面包糠上轻轻翻滚，使面包糠附着在表面，用手轻轻按压成厚薄适中的圆饼生坯，码放整齐。

（5）炸制　将植物油倒入锅中，加热，待油温达到六七成热时即可放入生坯炸制。边炸边用筷子不停地翻转炸糕。炸至两面变色即可出锅，放在沥油架上沥油。

七、香草奶油炸糕

1. 原料配方

新鲜香草荚一个，黄油 50g，糯米粉 250g，鸡蛋 4 个，白糖 20g，清水 400g，植物油适量。

2. 操作要点

（1）制备香草水　取一口洁净的不锈钢锅，放入 400g 清水。取新鲜香草荚，用刀尖把里面的香草籽尽量刮出，把沾满香草籽的刀尖放入水里，使香草籽充分落入水中。香草荚的外皮也放入锅中一起煮，水开后再煮 3min。

（2）制备沸油水　把香草荚捞出，锅中放入黄油继续煮，直到黄油完全熔化，关火。

（3）制备面糊　取适量糯米粉倒入锅中搅匀，然后逐个加入鸡蛋，边加边搅，直至搅拌均匀，制成香草奶油面糊。

（4）炸制　在不锈钢锅中倒入足量的油，加热。油温五成热时用勺子取适量面糊倒入锅中，面糊会逐渐膨胀变成球浮在油面上。待炸糕定型后用筷子不断翻动，炸糕呈淡金黄色时即可捞出。在沥油架上沥油后撒上白糖即可食用。

3. 技术控制

① 面一定要充分烫熟后再加入鸡蛋。

② 鸡蛋要趁着面糊热时一个一个放，边放边搅，一个搅匀后再放另一个。

③ 控制油温，炸香草奶油炸糕时油温不宜过高，五成热下锅即可。

④ 面糊下锅后不能立刻翻动，要等面糊定型后才可以轻轻翻动。

八、红薯糯米油炸糕

1. 原料配方

红薯 400g，糯米粉 200g，白糖 50g，植物油适量。

2. 操作要点

（1）红薯预处理　将红薯清洗干净，去皮，切成薄片，加入适量清水，上锅蒸熟。

（2）调制面团　将蒸熟的红薯捞出趁热加入白糖，搅拌均匀，冷却后再依次加入适量的糯米粉，搅和均匀至不粘手，搓成长条。

（3）切分面团　将搓成长条的面团揪成大小均匀的子面团备用。

（4）制作生坯　将子面团用手按压成厚薄适中的圆饼生坯，码放整齐。

（5）炸制　将植物油倒入锅中，加热。待油温达到六七成热时即可放入生坯炸制。边炸边用筷子不停地翻转炸糕。炸至焦黄即可出锅，放在沥油架上沥油。

3. 技术控制

① 油温后期可加温至八成热，不可太高，以免外熟内生，后期适当地加温是为了增加酥脆度。

② 放入油锅的生坯不可过多，以免粘连。

③ 在放入炸糕时，稍炸定型即刻翻转，以免煳锅底。

第五章 米粉生产

第一节 传统米粉

一、直条米粉

直条米粉（简称米粉）是以大米为原料加工而成的一种传统食品，广泛流行于南方地区，具有久煮不糊、食用爽口、有嚼劲等特点，深受广大消费者的喜爱。成品采用类似于挂面包装形式，食用时开水煮食。以江西的精制直条米粉为代表。江西的精制直条米粉成套生产设备已在全国推广，并出口到国外。

1. 主要设备

斗式提升机、洗米机、粉碎机、混合机、榨粉机、鼓风机、时效处理房、米粉专用蒸柜、米粉专用低温烘房、切割机、包装封口机、工业锅炉。

2. 操作要点

（1）原料选择 原料选择早、晚籼米，按一定比例搭配，若无特殊要求，一般不加任何添加剂。原料米最好存放一年左右，以保证原料米的淀粉结构已基本固化。

（2）大米配比 大米的配比（即早、晚籼米的比例）要结合原料的价格、米粉制作过程中的难易程度及产品的口感来考虑。早籼米的价格比晚籼米便宜，晚籼米直链淀粉含量较低，制作过程黏度较大，制作困难，会使得产品的一次性得率降低。晚籼米口感较好，但糊汤率偏高。早、晚籼米的比例一般为 4∶1 或 3∶1，也有厂家用 7∶3 的比例。

大米配比对生产至关重要，早晚籼米搭配后需要保证直链淀粉含量在 22%～23% 之间。具体比例与选用的原料品种有关，需要根据生产实际确定。

（3）洗米　洗米是保证米粉质量的一个重要工序。洗米的目的有两个：一是通过清洗冲刷米层表面的轻杂物质，去除糠皮和其他杂质基础；二是清洗用水可软化大米组织结构，为后续的浸泡工序起润米作用。

清洗的要求是保证大米爽身无黏，米香味正常，无糠皮等轻杂物。在生产中，用清洗后水的清澈程度来判断清洗效果。一般选用射流洗米机进行洗米。

（4）浸泡　浸泡的目的是让米粒按工艺要求吸收所需水分，软化米粒的坚固组织。浸泡的时间视水温而定，温度高、浸泡时间短，反之则时间长。洗净的米在浸米池中用清水浸泡 18～24h，其间应换水 2～3 次。浸米时间冬长夏短，以使米粒充分浸涨为度。

经浸泡工序，大米含水量由 14% 左右上升到接近 30%，以保证后面的粉碎工序能够达到粉碎的粒度要求。生产中需要注意不能浸泡过久，当水分含量超过 30% 后，粉碎机筛孔就容易被堵塞。

（5）粉碎　浸泡后的大米沥干后放入粉碎机内粉碎，粉碎机的筛片选用 0.6mm 孔径。理论上说，粉碎细度越高越好，但粉碎细变过高会导致粉碎能耗过大并且容易堵塞筛孔，一般能过 60 目即可。

（6）筛分　筛分的目的有两个：一是除去粉碎原料中粒度过大的粗粉粒；二是除去粉碎的原料中夹带的糠皮等杂质。粗粉粒使粉丝表面粗糙不平，糠皮进入粉丝则成为清晰可见的杂质点，对产品质量有较大影响。粉料筛分通常过 60 目筛即可。由于湿粉料中水分含量较大，一般为 26%～28%，用普通平筛分离较困难，因此需要采用具有强迫筛分作用的振动或离心圆筛等筛具进行筛分。

（7）搅拌 将过筛的粉料倒入混合机中，加料量约占和料桶容积的 60%。加料后开机，边搅拌边加水，搅拌速度为 220r/min。混合 5～10min，混合均匀。混合好的粉料要求含水量一致，以手捏成团，一松就散为宜。

（8）榨粉 榨粉目前主要采用新型双筒自熟粉丝机。这种自熟粉丝机能自动完成两个工艺过程，即熟化和挤丝成型过程。该机能很好地控制熟化程度，挤出的粉丝结构紧密，粉条表面光滑，透亮度很好。榨粉机操作的关键是喂料要适量、均匀，控制好熟料筒上阀门开启的程度。如果阀门开启得比较小，熟料筒的压力大、温度高，粉条的熟化度高，黏度更大，不利于后面工序的散开；反之，熟化度会降低，榨出的粉条易于断条，复蒸的时间会增加。挤出的粉丝在逐步下落的过程中，用鼓风机充分风冷，以避免粉丝间相互粘连。挤丝机流量调节阀通常根据挤出粉丝的感官来调整，以挤出的粉丝粗细均匀、透明度好、表面光亮平滑、有弹性、无生白、无气泡为宜。流量过小，粉料过熟，挤出的粉丝褐变严重、色泽较深，且易产生气泡；流量过大，粉料熟度不够，挤出的粉丝生白无光，透明度差。

（9）挂杆 将挤出的粉丝逐杆挂接、剪断，并将散乱扭结的粉丝梳理整齐。

（10）凝胶化 直条米粉生产过程中有两次凝胶化处理。凝胶化的本质是让糊化了的淀粉（主要是直链淀粉）回生老化，目的是使相互粘连的米粉静置一定时间后，使糊化了的大米淀粉有时间老化，使米粉丝水分平衡，结构稳定，米粉条之间黏性减小，易于散开而不粘连。具体方法是将榨好的粉条在凝胶化处理房中放置一段时间，使淀粉老化。老化时间依环境温度、湿度不同而异，以粉丝不粘手、可松散、柔韧有弹性为度。老化不足，粉丝弹韧性差，蒸粉易断；老化过度，粉丝板结，难蒸透。

(11) 蒸粉　凝胶化后，米粉的淀粉已经充分老化，如果直接进入烘干工序，所制得的米粉糊汤率是比较高的。因此需要有一个蒸粉工序以保证成品具有低的糊汤率，表面光滑韧性好。蒸粉的工艺要求是：尽可能使米粉中的淀粉糊化均匀，特别是表面进一步糊化。

蒸粉在蒸粉柜中完成。蒸粉柜在蒸粉操作前，需要进行暖柜，即将蒸柜门关紧，通入蒸汽，当减压阀出汽后，蒸柜内就达到额定的工作压力，让压力继续维持 $2 \sim 3min$，关闭蒸汽阀，过一会儿打开蒸柜门，再进行蒸粉操作。复蒸工作压力为 $0.04 \sim 0.06MPa$，蒸粉时，先将米粉条放入柜内，关闭柜门，慢慢地打开蒸汽阀通入蒸汽，维持减压阀排汽 $3 \sim 8min$。待柜内米粉条蒸熟后关闭蒸汽阀，过片刻，打开排气阀，当蒸柜内外压力平衡后，打开排水阀排除柜内的冷凝水。然后打开柜门，取出米粉条，完成了一次操作过程。

蒸粉时间与蒸粉柜的额定工作压力、米粉的粗细以及榨粉时的熟化程度有关，企业需要根据自己的生产实际来确定。蒸粉时间不足，则米粉条熟化度低，糊汤率高；蒸粉时间太长，米粉条会变软，上部的米粉条因受下部米粉条的重力作用而拉断。

(12) 凝胶化　将蒸完的米粉挂于晾粉架上，保潮静置 $6 \sim 10h$，使米粉自然冷却，晾置时间以粉丝不粘手、易松散、柔韧有弹性来确定。

(13) 梳条　对凝胶化处理后的米粉条，采用水洗、梳理的方式处理，使得粉条条形整齐，使每根米粉条之间不粘连、不交叉、不重叠，不存在粘连、并条的现象。

(14) 烘干　干燥的目的是除去米粉条的水分，延长保存期。将梳条后的米粉放到干燥房中进行干燥，采用带有温、湿自动控制装置的单排移行索道式或链式低温烘房效果较好。烘房分为 3 个区段，即预干燥区、主干燥区、完成干燥区。各区段温度、湿度不同，米粉挂进烘房前，应预先将各区段的温度、湿度调整到设定值。一般预干燥区控制温度为 20～25℃，湿度为 80%～85%；主干燥区温度为 26～30℃，湿度为 85%～90%；完成干燥区温度为 22～25℃，湿度为 70%～75%。在干燥过程中，应通过控制供热和排潮，维持各阶段温度、湿度的稳定，使先后进出烘房的粉挂能在相同的条件下得到适度的干燥，从而保证干燥度的稳定。烘干时间一般为 6～7h，粉丝干燥后的最终水分含量控制在 13%～14%。

（15）切粉　将烘干后的产品及时进行切割，以防止酥条。切割机一般采用圆盘式锯片，要求其锯片的齿形要小、厚度要薄，转速为 1000～1300r/min，以减少切粉时产生的碎屑。粉丝切割长短视包装设计而定。

（16）分拣　用人工将弯曲、并条及带有气泡、黑点等杂质的次品粉丝挑拣出来，作为次品分别放置。直条米粉正品要求粉丝外观均匀挺直、无弯粉、无并条、无杂质、无气泡。

（17）包装　定量称取正品粉条装入包装袋中，然后用自动封口机封口，并打印生产日期。包装袋封口应平整，不得有漏气，以免袋中的干粉返潮变质。

二、方便河粉

河粉又名沙河粉，因起源于广州沙河镇而得名。方便河粉是将传统河粉采用现代工艺、设备制成易于携带、保存且能保持其原有风味的一种方便食品。其具有复水速度快、色泽洁白、口感细腻爽滑、呈大米特有清香味、非油炸等特点，盛行于广东、广西等地。

1. 主要设备

大米提升机、洗米机、水米分离器、磨浆机、搅拌机、筛浆机、摊浆机、蒸片机（蒸锅）、预干燥机、老化机、烘干机、包装机、喷码机。

2. 操作要点

（1）原料选择　以选择陈化期为一年的早籼米为理想原料，其直链淀粉含量在 22%～25% 为好。如果原料不理想，可以陈米和新米搭配使用。同时可以考虑加入不同比例的玉米淀粉、马铃薯淀粉、蕉芋淀粉、马蹄粉等，以改善方便河粉的品质。一般添加的比例为：5％玉米淀粉、2％马铃薯淀粉、2％蕉芋淀粉、1％马蹄粉。

（2）洗米　洗米的目的是保证大米爽身不黏，米香味正常，无糠皮等轻杂物。在生产中，用清洗后水的清澈程度来判断清洗效果。一般选用射流洗米机进行洗米。

（3）浸泡　在洗米机的三个洗米桶中将大米浸泡 30～50min。大米浸泡后，应该是颗粒完整、用手稍用劲即可把米碾碎。具体的浸泡时间根据实际生产中原料米的品种、水温及水的硬度等条件确定。

（4）磨浆、滤浆　磨浆是决定产品质量的一个关键工序。浸泡后的大米通过米水分离器沥干后进入磨浆机，然后经过粗磨和精磨两次磨浆。在精磨后，米浆过 80 目的振动筛过滤，以进一步去掉糠皮等杂质，提高米浆的纯度。

（5）调浆、搅拌　将过滤后的米浆加入适量的清水，浓度调至 17～27°Bé。为防止米浆沉淀，在储浆罐中应安装搅拌装置，使浆液一直处于均匀状态，防止沉淀产生。

（6）摊浆、蒸片　调好的米浆通过摊浆机使米浆连续、自然、均衡地流摊在蒸粉布带上，经蒸锅蒸煮后成为透明的、乳白色的粉皮片。该工序是制造方便河粉的重要工序，关系到粉片的返生程度、断条率以及复水时间的快慢。摊浆、蒸片工序要求米浆能按厚度要求，均匀地落在蒸粉布带上，所蒸出的粉皮 α 化度在 90％以上，均匀连续，厚薄一致。

一般情况下，米浆厚度在 0.5～0.7mm 之间，蒸锅温度在 96～100℃之间，并且要控制好蒸锅布带的速度以保证粉皮的 α 化度达到要求。若蒸锅布带速度过快，糊化不充分，就容易使米粉返生。

（7）预干燥　预干燥机采用连续环回式烘干方式工作。为了既保证预干燥质量，又满足产量要求，同时对后段老化工序增加压力，一般预干燥时间控制在 35～45min，机器前段温度为 55℃ 左右，中间段 65～70℃，后段 55～60℃。通过预干燥，粉皮均匀、完整、无破损、折叠、断头，粉皮表面不脆、不粘手，切断时不粘刀，水分含量在 20％～26％ 之间。经预干燥的粉片输出端接到吊挂老化机。

（8）老化 粉片落到吊挂式连续冷却老化机内，再经过大于60min 的老化后传至下一工序。一方面，老化可以减少粉皮片的内应力，使粉皮片由塑性向弹性转变，粉皮片的机械强度增大，切条等工序易于操作，而且口感既柔软又有嚼劲。但若静置时间过长，老化过度，粉皮片中的淀粉分子之间形成致密的氢键，使得淀粉分子成微束状态，口感就十分粗糙，因此，老化时间的合理选择也是非常重要的。另一方面，老化可以使粉皮片中的淀粉颗粒含水均匀。由于预干后的粉皮片表面的含水量及温度均低于中心，粉皮片的温度梯度和湿度梯度均为由内向外，有利于内部水分向表面迁移，这样不仅使粉皮片变得柔韧，避免切条时产生脆裂碎条，而且还为后续干燥的正常进行创造了条件。适宜的静置老化时间一般为1.5～2h。

（9）切条成型 此工序要求切出的粉条平直、光滑，无毛边、无弱条、无并条、无折叠粉条。粉块成型后，大小及重量基本一致，粉头收压在粉块底部中心或转折处，松紧适度。若成型不好，会影响到后面的干燥工序，最终影响成品河粉的产品质量和商业价值。

（10）干燥 已成型好的米粉放在干燥机的干燥盒内，通过在干燥机循环低温慢干，把水分降至 13.5％ 以内。干燥工序后，粉块里外干燥均匀，含水量在 13.5％ 以内，无散开、无断碎。该工序脱水难度较预干燥工序大很多。一般采用低温干燥，注意冷却。冷却是将干品河粉用冷却机进行冷却，温度和湿度要适宜，要求将河粉冷却至室温，能够满足包装要求，再分拣、包装、入库。将成型不好的粉块拣出另放。将正品与调味包一起封装即为成品。

三、波纹米粉

波纹方便米粉是由籼米经浸泡、漂洗、粉碎、初蒸、压片、挤丝、复蒸、干燥等工艺制成的一种食品，是一种类似于波纹方便面的米制食品。

1. 主要设备

提升机、吸式密度去石机、碾米机、清洗桶、浸泡桶、磨浆机、筛滤机、真空脱水转鼓、蒸粉机、挤片机、挤丝机、不锈钢输送网带、复蒸机、切割机、链盒式烘干机、包装机等。

2. 操作要点

（1）原料选择、洗米、浸泡、磨浆、滤浆　参照方便河粉的生产。

（2）脱水　经滤浆工序后，米浆的浓度在 $20°Bé$ 左右。脱水的作用就是降低米浆中的水分，使米浆变成大米粉末。脱水工序后的大米粉末水分控制在 $40\% \sim 42\%$，并呈均匀分布。在波纹米粉生产中使用真空脱水转鼓进行脱水，它是目前使用较为成功的米粉连续式脱水设备。

（3）搅拌　蒸粉工序是波纹米粉生产中最关键的工序之一，将脱水后的辅料，如粉头子、食品添加剂及其他需要加入的辅料加入搅拌蒸粉机完成蒸粉。搅拌蒸粉过程是一个大米粉末糊化的过程，当搅拌蒸粉机内的大米粉末糊化度达到 $75\% \sim 80\%$ 时，打开出料门卸料，完成了一次蒸粉过程。蒸粉后的粉料颗粒应呈非常淡的黄色，大拇指大小，表面有光泽透明感，物料水分为 $34\% \sim 36\%$，糊化度为 $75\% \sim 80\%$，里外熟度基本一致，不夹生粉。如果出现粉体颜色泛白或粉体颗粒过大现象说明未蒸熟或蒸过头。未蒸熟的粉料，成品泛白、韧性差、吐浆率高；蒸过头的粉料，榨条时粉条粘连，不利于疏松成型。蒸粉效果受物料水分、投粉量、蒸粉时间、蒸粉温度、蒸汽压力、物料是否受热均匀等诸多因素影响，其中起决定作用的是水分、温度和时间，需要企业在生产实际中摸索最适工艺条件。

（4）挤片、挤丝、波纹成型　挤片是将蒸熟后的粉料挤压成长条片。挤片的作用有两个：一方面具有挤压紧密的作用；另一方面挤成片状长条能满足挤丝机均匀加料的要求。

挤丝是将片状挤压成类似波纹方便面的波纹状，挤丝机的工作情况对波纹米粉的成型是否美观、重量是否有误差等有至关重要的影响。波纹米粉成型的设备包括挤丝机、风机、不锈钢输送网带。波纹成型过程是利用超长的螺旋挤丝机的强大挤压力，迫使米粉物料经过出丝头并克服筛孔板的阻力出丝。出丝后，受外界空气影响自然而然形成弯曲的形状，且限制米粉丝带与无级变速的成型输送带的间距，使之能克服米粉自重拉力，落在不锈钢输送带上。由于不锈钢输送网带移动速度比米粉丝带出机速度慢，存在一定的速度比，米粉丝出机后，就会产生均匀的弯曲和不规则的折叠。这时由于冷风的强制冷却，米粉丝表面水分挥发，温度降低，表面变硬，形成弯曲平整、折叠规整的均匀的波浪状。根据生产经验，挤丝机转速取 $70\sim75r/min$，出丝头与不锈钢输送网带的间距为 100mm 左右；冷却风速为 $3\sim5m/min$。波纹米粉成型的工艺要求是波纹平整美观，密度适宜。

（5）冷却、复蒸、冷却　在复蒸工序前后各有一道冷却工序。通过两台并列的轴流通风机进行吹风强制冷却，迅速吹干波纹成型后米粉表面带有的黏性凝液，降低温度，疏松米粉，减少粘连。吹风冷却时间不宜太长，以防表面硬化发脆。复蒸也叫蒸条或蒸丝，波纹米粉在复蒸过程中，继续吸收蒸汽中的水分，在 $98\sim100℃$ 的蒸条温度下糊化度提高到 90% 以上，特别是表面熟度更高。通过复蒸使得波纹米粉光润爽滑，提高透明度，降低断条率，增加韧性。表层的完全糊化可使浆液不易渗出，波纹米粉的吐浆率低。波纹米粉的复蒸选用连续式复蒸机来实现。

（6）切断　复蒸后的波纹米粉带是连续不断的，需要按包装要求切割成定长的粉块，然后入干燥机。

（7）干燥、冷却、包装、入库　干燥过后，波纹米粉的水分在

13.5%以下，不应产生酥脆断裂、变色、变味等现象。波纹米粉的干燥，是采用链盒式热风循环干燥机实现的，整个烘干过程分为3个阶段，不同的阶段烘干的温度、湿度、时间各不相同。3个阶段的温度分别为 30～40℃（前）、60～70℃（中）、40～60℃（后），总的烘干时间为 1.5～2.5h。烘干后的粉块随着链盒的倾覆被倒在集料输送带上，冷却至室温后，进行包装、入库，即为成品。

四、鲜湿米粉

鲜湿米粉未经烘干，含水量高，保质期短。但是其生产加工过程简单，投资小，市场需求大，因此特别适合小规模生产。市场上也有鲜湿米粉的生产线出售。目前，主要有三类鲜湿米粉：一是广西、云南、湖南等地的桂林米粉、过桥米线等圆状米粉，大米需进行发酵，采用挤压成型；二是以广东沙河粉为代表的扁宽状米粉，采用切条成型，生产工艺与方便河粉相同，只是不需要进行预干燥和干燥处理；三是以江西米粉为代表的直条米粉，生产工艺与直条米粉生产相同，只是在第二次凝胶化处理后，不进行烘干，采用热水浸泡、冷水冲洗后制成湿米粉。

1. 主要设备

斗式提升机、清理机、洗米机、粉碎机、混合机、磨浆机、发酵缸、米粉专用蒸柜、挤丝机、切割机、包装封口机。

2. 操作要点

（1）原料选择、清理　选两年以上的早籼米，根据其含直链淀粉情况，可以用别的大米进行配比。发酵前应将原料米清理、清洗干净。

（2）浸泡发酵　采用常温浸泡发酵，接种控制，菌液从头两天发酵缸中采集，料水比为 1∶1.4，pH 为 4.1±0.3，浸泡发酵时间夏天需 3～4 天，冬天 5～6 天。若热水浸泡可缩短发酵时间，夏天 1～2 天，冬天 3～4 天。浸泡发酵过程中，尽量少洗，可保留较好的发酵香味。洗米过度，米粉会泛白，缺少光泽。

发酵完成，手捏大米易破碎，发酵液有一定的黏稠性。若发酵不到位，浆泡松，粉脆易断、筋力差，应延长发酵时间；发酵过度，则米发臭，粉带酸臭气。

（3）加水磨浆　发酵后的米同时添加 10%～15% 的粉头子（粉头子是一种俗称，来源于米粉生产中，包括不合格的米粉成品、生产中产生的碎条、榨粉机螺旋轴清洗时所留下的粉片）和适量的水进行磨浆。要求过 80 目筛，手感无颗粒感，米浆的水分含量控制在 51%～53%。

（4）蒸片　摊平片厚为 3.7mm±0.1mm。蒸片压力为 0.25～0.35MPa，温度为 92～95℃，蒸片时间为 100～120s，蒸好的片在挤丝前不应沾水。

（5）挤丝、水煮、复蒸　将粉片通过挤丝机挤丝成圆粉条，挤丝要求断条少，不起或少起皱纹，粉条表面光滑，出丝均匀、一致、连续。挤丝后水煮，使水一直保持沸腾状态，温度在 95℃ 以上，水煮时间 30s 左右。然后进行蒸粉，进一步提高米粉的熟度，蒸粉时间控制在 100s 左右。

（6）水洗冷却　米粉蒸完后应迅速进行冷却，用冷水冷透。洗粉的时间可控制在 20min 左右。一般米粉水分在 65% 以上，1kg 原料大米可以出 2.25kg 米粉。

（7）切断、成品　将米粉定长切断后即得到成品发酵鲜湿米粉。

五、保鲜湿米粉

1. 主要设备

提升机、发酵罐、水米分离斗、磨浆机、搅拌机、布浆机、蒸粉片机、酶液喷雾泵、混匀挤压机、挤丝机、水煮蒸粉机、定量切断机、定量切断机、酸浸机、自动包装机、重量、金属检测器、连续蒸汽杀菌机、袋装包装机、碗装包装机、装箱机。

2. 操作要点

（1）原料选择　首选大米为早籼米，一般采用早籼米：晚籼米为 3：1，且早籼米存库时间要求 9 个月以上。如大米精度不够，要考虑对大米去石、精碾。

（2）米粉浸泡、发酵 传统米粉如桂林米粉、常德米粉采用自然浸泡、发酵来生产，产品滑爽、筋道。但用冷水泡米易出现异菌感染，腐臭倒缸，所以对水质的要求也较高。采取热水浸泡效果更佳，泡米时水米比为水：米为 1.14：1。初始水温为：45～50℃（环境温度＜15℃）；42～45℃（环境温度 15～35℃）；25～30℃（环境温度＞35℃）。在以上温度及添加菌种的条件下，发酵时间为：冬天 3～4 天，夏天 2～3 天。时间过长，大米会变酸；时间太短，米粒未润透，磨浆会粗细不匀。浸泡的设备为不锈钢板制成的容器，形状有长方形、正方形、圆形等。如果用砖砌水泥池（即使是内贴瓷砖），因发酵产物渗入池壁会导致生产出的米粉有异味。

（3）洗米 用清洁水射流冲洗发酵大米表层的轻杂物质，同时将发酵罐内的大米输送到储料斗内滤去清洗水。

（4）磨浆 磨浆前，需将大米与粉头子按一定比例（10％～15％）混合，然后添加适量的水，进行磨浆，控制浆的含水量为50％～55％，细度 80 目以上。磨浆机可采用砂磨、钢磨两类。生产中多采用两台钢磨机并联使用，以保证米浆稳定摊到帆布传输带上。磨浆过程中还设有一台筛滤器，其筛绢为 80～100 目，以筛去浆液中的糠皮、糠麸等，保证其粗细度。大米磨成浆后，为便于浆的流动及淀粉分布均匀，浆槽内配有搅拌桨，在摊浆前进行搅拌。调配好的米浆经放浆框夹缝流出，形成 2mm 左右厚度的米浆，平摊于蒸片帆布带。

（5）蒸片 蒸箱主要由浆料带、蒸槽、进气管、排气管、蒸汽压力表、温度表等部件组成。浆料带用帆布制作，接口要平整。传动机件有电动机、减速器、链轮、链条松紧装置组成，其作用是保持浆料带的匀速前进。米浆摊匀经帆布带输送到蒸箱内，通过蒸汽加温，大米淀粉吸水膨胀而糊化，凝结成粉片。由于米浆水分含量高，浆片薄，熟化程度很高，糊化度达 80％～90％。蒸片压力

0.2～0.3MPa，蒸片时间 60～90s。

（6）冷却喷酶混匀　这是保鲜方便米粉抗老化处理的关键设备，它可大大减缓米粉老化速度。根据酶制剂的性质，必须在淀粉糊化后才能充分发挥其酶解效果，因此添加的位置选择在蒸片后，由于蒸片出口米片的温度较高（接近 100℃），因此需先将米片冷却至 65℃左右，然后以高压雾化的方式添加到米片上。为了充分发挥酶的活力，需要将米片与酶液混合均匀，实验表明通过 1 台单螺杆挤片机即可达到很好的混匀效果。之后需通过 1 台连续式保温保湿箱，自动调节蒸汽的流量进行保温（55～60℃）保湿（相对湿度 70%～90%）处理 30min 左右。

（7）挤丝　采用单螺杆挤丝机将米片挤出成米粉。根据市场需求，米粉形状可扁可圆。扁的尺寸 2mm×8mm 左右，圆的直径 0.5～1.5mm。其宽厚、粗细度由丝筛板孔决定，根据需要选择更换。在挤丝机的强力推压下，米粉的组织结构进一步紧密坚实，富有弹性和韧性。

（8）复蒸

① 煮条　从挤丝机出来的米粉，首先放入 95～100℃的沸水中，目的是进一步熟化米粉，此外，还可以使米粉松散，不至于黏结在一起，有利于下一步的蒸粉。煮条时间一般为 10～20s。

② 蒸粉　指水煮后的米粉进行第二次熟化过程。把煮熟松散的米粉条送到复蒸机内，由蒸汽直接加热，使米粉条进一步糊化，特别是对米粉表层的进一步糊化。它能使米粉光润滑爽，提高光泽透明度。蒸煮不好的米粉条易吐浆、断条、汤汁混浊、口感差。蒸粉的压力一般为 0.08～0.1MPa，时间 110～120s。

（9）冷洗、切断、冲散

① 冷洗　一般用自来水清洗 2～3min，能将米粉表面的淀粉洗净，让米粉更爽滑，糊汤少；同时使米粉温度降低至室温。

② 切断　根据米粉特性在分份包装前采用切断方式，考虑到同一工艺生产的米粉的粗细是均匀的，可以采用长度来衡量重量。但实际生产中，一般误差在 1.5%～3%之间。取一定长度作为计

量标准,再进行包装,一般切粉长度为 25～28cm。

③ 冲散　指刚蒸熟的米粉在遇冷水接触时会出现表面粘连情况,在包装前需进行高压水冲洗进行洗散,避免米粉粘连或并条现象产生。

(10) 酸浸、包装和杀菌　由于湿米粉水分含量较高,存放过程中易受微生物的作用,发生腐败变质,因此需要对方便湿米粉进行杀菌。杀菌工艺的温度过高、时间过长均会对方便湿米粉的品质造成影响,可通过杀菌前的酸浸工艺来降低灭菌强度。

① 酸浸　在米粉包装前考虑到产品的安全性,需调节产品的酸度。一般采用缓冲液来配制酸浸液,较理想的是乳酸/乳酸钠(1%)缓冲体系,调整 pH 值为 3.8～40,酸浸时间为 30～60s。

② 包装　指米粉分量后包装成一定规格的产品的过程。酸浸后的米粉沥干后装袋。一般采用蒸煮袋(耐温 100℃以上),可采用聚乙烯和尼龙复合袋。

③ 杀菌　产品经包装后经过一定温度和时间的高温,对其微生物进行杀灭的过程。根据产品前面各工序的操作,对于 200g 包装规格的产品,杀菌参数如下:温度(95±2)℃;时间(30±1)min。杀菌方式为水浴杀菌或蒸汽杀菌。

(11) 冷却　米粉杀菌后处于高温下,在进入半成品库前进行的送风降温过程,降至室温即可。

(12) 检验、包装

① 检验　将冷却后的米粉放入保温库(恒温 37℃)中,保存7天,检查胀袋或腐败情况。外包装前进行逐包检查,剔除不符合标准的产品。

② 包装　将袋装米粉与调味包组合在一起,进行外包装(袋装或碗装)即为成品。

六、兴化米粉

兴化米粉历史悠久,源远流长,千百年来,随着大量闽南人出国、出省经商、谋生,也把闽南特有的妈祖文化和兴化米粉带到世界和全国各地，并保持和延续这种文化特色，影响日益扩大。长期以来，兴化米粉生产都是沿用传统工艺和手工操作，设备简陋，产量低，劳动强度大，卫生条件差，成品包装简陋甚至无包装。

工业化程度较高的成套兴化米粉流水生产线经科技人员多次试验，效果良好。生产的兴化米粉不仅保持了传统的细纤如发、富于韧性的特色，而且能全天候生产的自动化烘干设备代替了传统日晒风吹式的落后干燥方式，最终使兴化米粉实现机械化生产，产品风味和口感基本不变，在色泽和韧性方面则比传统兴化米粉有明显提高。

1. 主要设备

提升机、储米仓、洗米机、水米分离斗、磨浆机、筛浆机、储浆桶、浓浆泵、压滤机、搅拌机、压坯机、蒸坯机、挤丝机、蒸丝机、冷却系统、切割机、米粉水洗机、烘干机、工业锅炉等。

2. 操作要点

（1）浸泡、清洗　浸泡原料经提升后进入到洗米机里，在射流装置冲击下进行循环冲洗。漂浮在水面的泡沫、糠皮等浮杂物越过洗米机上面的隔离板，经溢流管排入下水道。浸泡清洗时间为30～50min，夏季容易发酵，应缩短时间。浸米要以手捻米能碎，又有湿感，以浸透胚乳层为度。

（2）磨浆　经过清理润米后的大米，借助于水力，经水米分离后，被送入磨浆机，磨成细粉浆。磨浆设备拟采用砂轮淀粉磨，要求米浆的细度越细越好，使 95% 的米浆通过 80 目绢丝筛。最好采用两台磨浆机串联使用，以保证米浆粗细度均匀一致。

（3）压滤　使用波纹米粉生产中的真空转鼓脱水不能稳定地使米浆脱水至37%～38%的含水量，特别是在工作1～2h后，米浆含水量一般都在40%以上，接近41%～44%。如果坯料水分高低不稳定，蒸出的熟度相差很大，这会直接影响兴化米粉的后道挤丝工序的正常生产。坯料熟度高、水分含量高，挤丝困难，

155

粘条严重。选用压滤脱水可以使脱水后米粉含水量稳定在37%～39%，同时降低脱水过程中米浆的流失率，达到提高产品得率和保证成品质量的目的。在压滤后进行了生物技术处理，实践证明，处理后的米粉质量比传统的兴化米粉有显著提高，更洁白，更有韧性。

（4）制坯　将压滤后的米粉块，经搅拌机捣碎后，由螺旋挤压机将其挤压成直径20～40mm、长50mm左右的圆棒状。适宜的水分及添加黏结剂的数量是控制坯料长短的主要因素。同时喂料要均匀，否则粉坯表面会不平整。

（5）蒸坯　蒸坯在连续蒸坯机上进行，其目的是将坯料由生蒸熟，这是大米淀粉一个α化过程，也是兴化米粉生产的一个关键工序。要求连续蒸坯机蒸出的坯料色泽要熟度适宜，经挤压后，既不粘条，也不出现断条。其技术关键在于连续蒸坯机工作时温度、水分、时间的控制，特别是进机时坯料水分的含量。蒸坯时间大约控制在12～15min。

（6）挤丝　挤丝是兴化米粉生产中的技术关键。由于兴化米粉特点是条细，条的直径小于0.5mm。一般的米粉挤压机挤不出来，非常容易出现堵塞的现象，出丝速度特别慢，产量也特别小。经改进后，能够达到要求。

（7）蒸丝　蒸丝的目的是进一步提高兴化米粉丝的熟度，特别是提高表层熟度。在蒸丝过程中，继续吸收蒸汽中的水分。在高温的条件下，α化度需达到85%以上，这样米粉光润爽滑，提高了透明度，降低断条率和吐浆值，增加了韧性。兴化米粉要求的蒸丝时间较长。

（8）静置　蒸丝后的米粉需要一个静置回生的过程。以使糊化的大米淀粉有一段时间老化，使米粉丝水分平衡，结构稳定，米粉丝之间的黏性减小，易于散开而不粘连。

（9）水洗　水洗的目的是把米粉表面的淀粉黏液洗净，同时使米粉有一个收敛的作用。经水洗后的米粉耐煮，韧性变强，口感爽滑，吐浆低。也有不经水洗工序的兴化米粉生产工艺，不经水洗，直接成型。

（10）成型　经水洗后的粉丝，手工分成小束，折叠成 120mm×
100mm 的长方块，放入烘干机的链盒中。

（11）干燥　兴化米粉经手工成型块状后，用链盒式烘干机进
行烘干。将手工成型后的湿米粉平整地放入不锈钢链盒内，链盒随
着传送链条不停地移动。整个烘干过程分三个阶段，不同阶段的温
度、湿度、时间各不一样。由于兴化米粉条很细，烘干相对容易，
总的烘干时间控制在 1.5h 左右（如米粉经水洗则干燥时间长），最
高烘干温度控制在 60℃以下。

（12）包装　将烘干后的兴化米粉冷却至室温后即可进行计量
和包装。

七、空心米粉

空心米粉是以大米为原料，制成的中空管状米粉。目前，空心
米粉生产，已研制开发出专用成套设备，该生产线实现了部分机械
化生产，减轻了劳动强度，节省了劳力，降低了能耗。空心米粉为
两种，一种是月牙状和贝壳形的短条，约 3cm 长，带浅花纹；二
是中空的长条状，似意大利通心粉，长约 20cm。

1. 主要设备

淘砂机、粉碎机、混合机、自熟成型挤压机、推车、蒸柜、松
散机、连续烘干机、蒸汽锅炉等。

2. 操作要点

（1）大米预处理　将合格的大米淘去砂粒和杂质，再放入水池
中浸泡 4～8h。

（2）粉碎　将浸泡后的大米冲洗干净，沥干水分，然后用粉碎
机粉碎，粗细度要能通过 60 目筛。

（3）混合　将粉碎后的大米粉末，用混合机加水进行混合搅拌
均匀，得到生料，并控制含水量在 30%～32%之间。

（4）静置　将混合后的大米粉末，静置 2h 以上，保证水分互

相渗透平衡。

（5）二次混合　将静置后的大米粉末再次混合。

（6）挤切成型　将混合均匀后的大米粉末经自然成型挤压机的挤压、搅拌、预熟挤切成空心米粉。

（7）第一次时效处理　将成型后的空心米粉进行时效处理，使其回生，使其互相之间不粘连。

（8）复蒸　将第一次时效处理后的空心米粉送到蒸料柜内进行复蒸，提高空心米粉的熟度，降低米粉糊汤率。

（9）第二次时效处理　将复蒸后的空心米粉冷却，再次回生。

（10）松散　手工将冷却后的空心米粉进行松散。

（11）烘干　将松散后的空心米粉用连续烘干机进行烘干。

（12）计量包装　将烘干后的空心米粉进行精选和计量包装，装箱入库。

第二节　营养米粉

一、卤菜粉

1. 原料配方

原料米粉 200g，卤牛肝、卤瘦猪肉、卤猪肝共 100g，用猪五花肉制作的锅烧 50g，油炸花生 20 粒，青蒜叶 5g，猪油 8g，精盐适量，香料 1 包（其中有沙姜、八角、小茴香、苹果、丁香、陈皮、桂皮等），罗汉果 1 个，牛腩汤 100g，牛黄筋 50g，豆豉 3g，猪骨、牛骨 500g，姜 1 块，葱 3 根。

2. 操作要点

（1）原料预处理　将锅烧热，放入冷水 1L，放姜片、葱条、香料（用小布袋装好扎紧）、罗汉果、牛骨、猪骨、豆豉、牛黄筋下去，用中小火熬熟，中途加入牛腩汤，待汤汁剩下 75g 的时候，调入精盐，舀起。

（2）煮米、沥干　另外起锅烧热放清水 1L，开后把米粉放下去煮熟，捞出，沥尽水，控入碗里。

（3）淋汁　将沥干后的米粉淋上熬好后的汤汁，然后再撒上青蒜叶粒、花生、锅烧、卤牛肝、卤瘦肉、卤猪肝盖面，滴入油。

（4）成品　吃时用筷子搅拌一下，使汤汁裹匀米粉。

二、米凉粉

1. 原料配方

籼米 1000g，石灰水 20g，酱油 16g，豆豉 160g，胡椒粉 4g，水淀粉 40g，芽菜粒 40g，蒜泥 20g，豆瓣 40g，味精 8g，五香粉 4g，芹菜粒 200g，红油辣椒 80g，清水 1200g、菜籽油适量。

2. 操作要点

（1）制米凉粉坯　将籼米淘洗干净，加清水 1200g 后磨成粉浆。锅置旺火上，倒入米浆烧沸，并不断搅拌。熬至半熟时，加入石灰水（石灰水不宜过多，多则影响口味），继续搅动，直至用木棒挑起锅内浆汁能挂在木棒上呈片状，再移小火上熬约 20min；起锅倒入一个刷了油的盆内，晾凉凝固后即成米凉粉坯。

（2）炒辅料　将炒锅置中火上，倒入菜籽油，烧至五成热时，放进用刀剁碎的豆豉（豆豉稀稠要适度），炒至酥香，加入用刀剁细的豆瓣，炒香上色，再放入酱油、味精、胡椒粉、五香粉略炒，用水淀粉勾芡，起锅即成。

（3）成品　将米凉粉坯从盆内翻出，用刀切成 1.5cm 见方的块放入漏勺内，在沸水锅中烫热，再倒入碗内，上面放入豆豉、红油辣椒、芹菜粒、芽菜粒和蒜泥即为成品。

三、桂林米粉

1. 原料配方

米粉 1000g，猪肉 160g，牛肉 160g，牛肝 160g，牛骨 160g，炸花生米 30g，炸黄豆 30g，香菜少许，红油 30g，蒜蓉 15g，卤水、色拉油各适量。

2. 操作要点

（1）烫粉　米粉放入水中烫约 5min，捞起沥干。

（2）配料处理　猪肉、牛肉、牛肝、牛骨放入卤锅，加卤水煮透，捞出猪肉、牛肉、牛肝晾干，再过油、切丁。卤水用盐、酱油、豆豉、八角、沙姜、陈皮、草果、茴香、花椒、罗汉果等多种香料配齐熬制而成。

（3）成品　取一大碗，放到烫好的米粉垫底，加卤料及卤汤，撒上香菜，配炸花生米、炸黄豆、红油、蒜蓉上桌，根据个人口味酌情添加即可。

四、金瓜炒米粉

1. 原料配方

干米粉丝 1000g，南瓜丝 1000g，虾 10g，肉丝 30g，鱿鱼 80g，淀粉 100g，色拉油 1000g，盐 100g，酱油适量，胡椒粉少许。

2. 操作要点

（1）原辅料处理　将干米粉丝洗净，用开水烫过，鱿鱼切成丝，肉丝用酱油、淀粉拌匀。

（2）炒制　将炒锅上火加热，倒入适量色拉油，油热后下入虾、鱿鱼丝，加入拌好的肉丝和南瓜丝炒熟。

（3）成品　将泡好的米粉丝下入炒锅内，倒入各种调味料，搅拌均匀，翻炒后即可盛出食用。

五、鸡丝米粉

1. 原料配方

干米粉 1000g，白菜 1000g，洋葱 10 个，芹菜 100g，胡萝卜 250g，酱鸡肉 250g，色拉油 250g，盐 20g。

2. 操作要点

（1）烫粉　将干米粉清洗干净，然后浸泡在开水中烫软备用。

（2）辅料准备　将白菜、芹菜、胡萝卜都切成丝，洋葱切碎备用。

（3）炒粉　炒锅上火，加入适量色拉油，油热后倒入洋葱，待炒出香味后加入白菜丝、胡萝卜丝略炒，再放入烫过的米粉丝及芹菜丝同炒。

（4）成品　米粉炒好后盛在盘中，加上撕好的酱鸡肉及各种调料拌匀即可。

六、清汤米粉

1. 原料配方

细米粉 1000g，芝麻酱 100g，荠菜 100g，酱油 50g，小葱 50g，味精 1g，胡椒粉 10g，精盐 5g，香油适量。

2. 操作要点

（1）辅料准备　荠菜洗净切成米粒丁。小葱去蒂切成葱花。

（2）调酱料　取汤碗 10 个，每个碗放入味精 0.1g、酱油 5g、精盐 0.5g、香油少许。

（3）烫粉　大汤锅置旺火上，放入清水烧沸，分别舀到汤碗内（不宜舀满）。随即用竹笊篱分几层装入细米粉于沸水锅中浸烫，边烫边抖动，使米粉均匀烫热。

（4）成品　将烫好的米粉翻倒在汤碗内，撒上荠菜末、葱花、胡椒粉，淋入芝麻酱即成。

七、火锅米粉

1. 原料配方

米粉 1000g，白菜 500g，猪肝 500g，芝麻酱 200g，黄酒 100g，酱豆腐 2 块，韭菜花 100g，酱油 100g，辣椒油 100g，卤虾油 100g，米醋 100g，香菜末（洗净消毒）100g，葱花 100g。

2. 操作要点

（1）原料预处理　先将米粉煮熟，冷却洗净，控干水分，将猪肝切成薄片。

（2）辅料处理　将辅料倒入锅中加入冷水，烧热，再把猪肝片倒入，加热。

（3）混合调味　汤内还可加入海米或加入口蘑汤，以增加鲜味。火锅里的汤烧开后，把米粉倒入锅中，只需略加热就可涮食。

八、什锦米粉

1. 原料配方

干米粉 1000g，瘦肉丝 800g，笋丝 600g，胡萝卜丝 200g，蛋皮丝 200g，小青菜段 800g，虾米 200g，猪油或花生油 160g，白酱油 30g，盐 30g，味精少许，豆粉 15g，白糖 8g。

2. 操作要点

（1）烫粉　将干米粉在沸水内烫后，用清水冲一下，沥水。

（2）辅料准备　将瘦肉丝用豆粉、白糖及白酱油拌匀。将锅烧热，用油把肉丝炒熟，盛起；然后，下入青菜、笋丝、胡萝卜丝、蛋皮丝、虾米，倒入沸水或高汤，烧沸。

（3）成品　下入盐、味精、米粉；沸后，放入肉丝，调匀分盛在碗中食用。

九、豆芽米粉

1. 原料配方

干米粉 1000g，豆芽 500g，蒜瓣 60g，韭菜 100g，芝麻 40g，醋 40g，白糖 40g，辣椒酱 120g，酱油 20g，熟猪油 300g。

2. 操作要点

（1）制酱　将蒜瓣捣成泥，芝麻研成末，一并与白糖、辣椒酱、醋混合搅匀成酱料。

（2）原辅料准备　将锅置旺火上，倒入适量清水烧沸，将豆芽下锅焯一下，盛起；再将米粉下锅煮熟（不要煮烂）盛在盆里；然后，调入熟猪油 200g、酱油同豆芽一起拌匀。

（3）炒粉 炒锅置中火上，下熟猪油 100g 烧热，放入米粉，翻炒快熟时，下入韭菜翻炒几下，淋上蒜泥水，装碗，加适量酱料即成。

十、常德米粉

1. 原料配方

干米粉 1000g，牛肉 500g，番茄 400g，葱丝 40g，花生油 40g，白酱油 30g，酱油 10g，姜片 4g。

2. 操作要点

（1）原辅料处理 将牛肉切块，用酱油拌匀。米粉用冷水浸泡预处理，番茄进行切块后备用。

（2）煮粉 油锅烧热，放入姜片、牛肉煸炒，然后加白酱油和沸水 2400g，转入小铁锅中，用微火烧 1h；再放入番茄炖烂，放入米粉和葱丝，待煮沸后，起锅装碗。

十一、牛肉米粉

1. 原料配方

米粉 1000g，牛肉 600g，油菜心 300g，香油、酱油、干辣椒、小茴香、桂皮、冰糖、料酒、精盐、味精、牛骨汤、葱末各适量。

2. 操作要点

（1）煮牛肉 将牛肉洗净切成块，放到砂锅内，加入小茴香、精盐煮至熟烂。

（2）辅料处理 将油菜心择洗干净，放到锅内，添水煮 30min 捞出来，再添加桂皮、干辣椒、酱油、料酒和冰糖，一起倒入开水锅内进行焯熟。

（3）成品 在锅内添牛骨汤烧开，下入米粉煮熟，连汤盛到碗内，添加上肉块、油菜心，再加入味精、香油，撒上葱末即可食用。

十二、鸡丝炒河粉

1. 原料配方

籼米1000g，花生油100g，生鸡丝200g，冬菇丝100g，韭黄段100g，银芽（掐头去尾的绿豆芽）300g，香油4g，火腿丝20g，酱油20g，蚝油10g，白糖10g，味精14g，胡椒粉2g，淀粉30g，鸡蛋2个，上汤800g，盐适量。

2. 操作要点

（1）制浆　籼米洗净后，用清水浸泡4h，再用清水冲净，沥干水分。沥干后取100g籼米下到沸水锅中煮至八成熟捞出，放回生米内，加入清水1000g拌匀，磨成米浆，再加入花生油搅匀。

（2）制沙河粉　取两个直径33cm的铝盘，抹上油，放在笼屉上加盖蒸热，分别浇到米浆荡匀盘底（乡余粉浆倒回原处），加盖蒸2min取出，再抹上油，加入粉浆依前法操作，两个盘轮流使用。摊完后切成1cm宽的长条，即成沙河粉。

（3）辅料煸炒　生鸡丝盛到碗中，放到蛋清、淀粉拌匀。烧热油锅，将生鸡丝下锅划散倒出。然后趁热锅投入银芽，煸炒几下，加入沙河粉、酱油、盐，炒匀后装盘。

（4）成品　随后用净锅放入油，投入韭黄、冬菇丝，加入上汤、酱油、蚝油、盐、糖、味精、胡椒粉、香油，待烧开后，用水淀粉勾芡，浇在装盘的沙河粉上，再撒上火腿丝即为成品。

十三、顺庆羊肉粉

1. 原料配方

大米1000g，猪骨2000g，羊骨1000g，鲜羊肉1200g，红油

120g，食盐 50g，花椒 30g，姜 10g，白胡椒粉 2g，香菜少许，味精 3g。

2. 操作要点

（1）制米粉　将大米淘净后浸泡 3 天（冬季 7 天），中间要勤换水，然后磨成米浆，过滤成坨粉，搭上干净毛巾放置 1 天（冬季 3 天）做成球状坨子。上笼用旺火蒸 20min（外熟内生），取出晾凉后捣碎，重新拌匀成筒状坨子。将锅内水烧开，把坨子放入 60～80 目的网筛内，用手拍打压成粉丝放入锅内，1～2min 后起锅即可，淘洗干净，理顺放好即为米粉（家庭食用也可在市场购买做好的米粉）。

（2）制汤　用清水漂净羊骨、猪骨、鲜羊肉，切成大块，放于汤锅内，加花椒、姜（拍扁）及适量的白胡椒粉，旺火烧开，撇去血泡。羊肉煮熟即捞出，横筋切成小薄片做配菜用（若用脑肉、脑髓、羊肾、脊髓，其味更鲜）。汤继续熬 3～4h 后舀到缸内作原汤。锅内加水烧开后烫粉。

（3）烫粉　将米粉用清水漂洗后，放入滚汤中反复 4 次，烫热后倒入容器中。

（4）调味　在容器中倒入原汤，加入羊肉、食盐、味精、白胡椒粉，淋上红油，放上香菜少许，即为成品。

十四、玉林肉蛋粉

1. 原料配方

切米粉 1000g，黄牛肉 500g，食盐 40g，小磨香油 30g，白糖 20g，香葱 20g，姜丝 30g，三花酒 10g，味精 10g，八角 10g，碱水 5g，陈皮 5g，胡椒粉 4g，五香粉 4g，水适量，牛骨鲜汤适量。

2. 操作要点

（1）制肉酱　选用黄牛肉（最好是后腿肉），先剔除筋骨，分切成条，将其放在干净的青石板上，用木槌边捶边翻，捶至牛肉软烂且有胶物质泛起时，加入食盐 15g，碱水 5g，用手抓匀，边拌边用木槌捶打，直至将肉酱捣成膏状。然后把肉酱抓合成团，拿起掷在瓦盆内，反复摔掷，掷至肉酱能自动收缩为止。

（2）制肉蛋　把肉酱装在瓷碗里，加入三花酒 10g，胡椒粉、五香粉各 4g，白糖 10g，味精 5g，食盐 15g 和适量冷开水用手拌匀再抓合成团。然后抓起肉团，使劲挤压，让肉团从拇指和食指圈成的圆洞中挤出并用瓷匙揪离，挤一个揪一个，边挤边揪，边揪边投入沸水锅中熬制。熬制到肉丸沉落浮起马上捞出，随即放入油锅中稍炸一下，见其色泛白，松软，即刻捞出便成肉蛋。

（3）熬汤　把预先熬好的牛骨汤倒滤入锅中，加入姜丝、八角、陈皮慢火煮 20min，出味后除去八角、陈皮和姜渣，加入剩下的香油、白糖、味精、食盐等料，用勺搅匀，再重新把汤煮沸，把肉蛋倒入汤锅中煮 5min 关火待用。

（4）成品　把切米粉分成 10 份，每份 100g，分别装入小白瓷碗内，随后用勺舀起肉蛋连汤一起倒入各个碗内，表面撒上小撮葱花即为成品。

十五、热干宽米粉

1. 原料配方

湿米粉 1000g，芝麻酱 150g，味精 1g，葱花 50g，酱油 50g，酱萝卜 100g，香油 75g。

2. 操作要点

（1）原辅料准备　将米粉切成 1.5cm 宽的条。酱萝卜洗净切成米粒丁。

（2）烧水　锅置旺火上倒进清水烧沸。

（3）烫粉　取 10 个洗净的碗。用竹笊篱放沸水中烫一下取出，装入宽米粉（100g）置锅内沸水中浸烫，边烫边抖动，烫透后倒在碗内，依此法把米粉烫完。

（4）成品　吃时每碗米粉上淋入芝麻酱、香油、酱油，调入味精，撒上葱花、酱萝卜丁即成。

十六、温江米凉粉

1. 原料配方

大米1000g，大豆1000g，豌豆粉1000g，白酱油1500g，红油1500g，醋1000g，蒜泥600g，香油250g，白矾粉100g，味精10g，食用黄色素少许。

2. 操作要点

（1）原辅料准备　将大豆、大米分别加入清水泡胀，各加清水1500g磨成浆；豌豆粉用清水泡发。

（2）煮粉　锅洗净，掺清水2000g，加白矾、黄色素搅匀，烧沸后倒入适量的豆浆、米浆、豌豆粉，慢慢在微火上搅动至熟，起锅进盆，晾凉即成凉粉。将凉粉切成宽1.5cm、长12cm的长条分盛到碗内。

（3）成品　将白酱油、蒜泥、醋、香油、红油、味精调匀，淋到碗内，就可食用。

十七、米粉羊肉汤

1. 原料配方

羊肉1000g，大米1000g，五香料袋1包（100g）；姜末、葱丝、蒜泥、辣椒油各50g，酱油200g，胡椒粉、味精各2g。

2. 操作要点

（1）辅料准备　取温水把羊肉洗净，用木棒将其捶松；捶至羊肉呈白色时，入沸水中氽一下，沥干水分；将姜末、葱丝（各30g）抹在羊肉上，5min后，将羊肉漂洗干净。

（2）煮汤　在铝锅内放清水 2000mL，放进羊肉和五香料袋；待烧沸后，撇去汤面上的浮沫，用中火焖 1h。捞出羊肉和料袋，汤汁用细布过滤；将羊肉切成 0.6cm 见方的颗粒，放回汤中，加酱油 100g，用文火煨 30min。

（3）制粉　将大米淘净，用清水泡胀，磨成米浆，舀入布底筛上，摊成粉皮入笼蒸熟。取出放在竹竿上晾干后，切成宽面条形，放进沸水锅中煮熟，捞入碗中。

（4）成品　将羊肉连汤舀入碗内，撒上味精、胡椒粉、葱丝。另将蒜泥、辣椒油、酱油配成调味料佐食。

十八、腊肉炒米粉

1. 原料配方

米粉 500g，腊肉 250g，小白菜 500g，盐 50g，白糖 25g，味精 15g，辣椒干 15g，胡椒粉 10g，五香粉 10g，水 7L，油 250g，酱油 150g。

2. 操作要点

（1）蒸煮　先将水烧开，把米粉倒入煮 5～8min，以米粉熟透，无夹生为准。

（2）冷却、控干　将水煮了的米粉倒入冷水中冲洗，冷却，控干水分。

（3）拌炒　将油加热至 170℃左右加入腊肉拌炒，再加小白菜拌炒，然后将控干水分的米粉倒入锅中和腊肉、小白菜拌炒，再加入其他辅料，拌炒几分钟，便可出锅，成为一盘味道鲜美的腊肉炒米粉。

十九、香辣牛肉汤粉

1. 原料配方

原料米粉 500g，香辣牛肉调味料 2 套。

2. 操作要点

（1）蒸煮　先将水烧开，水是米粉的 6～7 倍，再将米粉倒入开水中，煮 5～8min，以煮透、无夹生为准。

（2）冷却控干　将米粉捞出，用冷水冲洗冷却，控干水分。

（3）调味混合　将约 3～4 倍于米粉的水烧开，把控干水分的米粉和香辣牛肉调味料一起倒入开水锅中，待水烧开即成一盆香辣牛肉汤粉。

二十、云南过桥米线

1. 原料配方

米粉 1000g，油 1000g，盐 40g，味精 10g，精瘦猪肉 500g，小白菜 500g，姜适量。

2. 操作要点

（1）蒸煮　将 2L 水烧开，把米粉倒入煮 6～8min，以煮熟、无夹生为准，捞出用冷水冲洗冷却，沥干水。

（2）拌炒　将锅洗净，把油加热，倒入精瘦猪肉爆炒，再加入小白菜拌炒，然后加入调味料拌炒，最后加入约 1L 水，烧开。

（3）成品　把煮好的米粉放入煮沸，起锅，即成一碗鲜香味美的过桥米线。

二十一、凉拌米粉三丝

1. 原料配方

细米粉丝 300g，瘦肉 400g，青红辣椒 200g，海蜇皮丝 200g，香醋 100g，酱油 50g，熟猪油 100g，麻油 6g，白糖 50g，炒香的花生磨成的粉末 100g，蒜蓉 8g，精盐、味精各少许。

2. 操作要点

（1）原料预处理　将细米粉丝放入开水中煮 5～8min，软熟后迅即捞出，沥干水，倒在一个钵子里，用消过毒的剪刀剪两下。把蒜蓉、香醋、酱油、熟猪油、麻油、精盐、味精、白糖、花生粉末混合在一个碗里，调拌均匀。

（2）调味、混合　将水烧开后，放入少许油，随放肉丝、青红辣椒丝和海蜇皮丝，熟后捞出，马上倒入装米粉丝的钵里，再把混合好的味汁倒入钵里，用筷子翻拌一下，静腌 5min，然后装盘上桌。

[1] 高海燕，马汉军，邹建，等．零起点学办面制品加工厂 ［M］．北京：化学工业出版社，2015.

[2] 曾洁，胡新中．粮油加工实验技术 ［M］．2 版．北京：中国农业大学出版社，2014.

[3] 曾洁，邹建．谷物小食品生产 ［M］．北京：化学工业出版社，2012.

[4] 曾洁，杨继国．谷物杂粮食品加工 ［M］．北京：化学工业出版社，2011.

[5] 曾洁，徐亚平．薯类食品生产工艺与配方 ［M］．北京：中国轻工业出版社，2012.

[6] 曲丽洁．米制品生产一本通 ［M］．北京：化学工业出版社，2013.

[7] 于新，刘丽．传统米制品加工技术 ［M］．北京：中国纺织出版社，2014.

[8] 章银良．休闲食品加工技术与配方 ［M］．北京：中国纺织出版社，2011.

[9] 董淑炎．小食品生产加工 7 步赢利——五谷杂粮卷 ［M］．北京：化学工业出版社，2009.

[10] 杜连启，朱凤妹．小杂粮食品加工技术 ［M］．北京：金盾出版社，2009.

[11] 邢亚静．小杂粮营养价值与综合利用 ［M］．北京：中国农业科学技术出版社，2009.

[12] 张鹏．杂粮食品加工技术 ［M］．北京：中国社会出版社，2006.

[13] 萧雪．巧做五谷杂粮：绿野美味 ［M］．北京：世界图书出版公司，2006.

[14] 汤兆铮．杂粮主食品及其加工新技术 ［M］．北京：农业出版社，2002.

[15] 张美莉．杂粮食品加工 ［M］．北京：中国农业科学技术出版社，2006.

[16] 刘静波．粮食制品加工技术 ［M］．长春：吉林出版集团有限责任公司，吉林科学技术出版社，2007.

[17] 陈明．营养早餐的设计与销售 ［J］．轻工科技，2013.（7）：5-6.

[18] 梁洁玉，朱丹实，冯叙桥，等．早餐的食用现状及早餐食品的发展趋势 ［J］．中国食物与营养，2014，20（2）：59-64.

[19] 陆启玉．面制方便食品 ［M］．北京：化学工业出版社，2007.

[20] 刘长虹．蒸制面食生产技术 ［M］．北京：化学工业出版社，2005.

[21] 于新，赵美美．中式包点食品加工技术 ［M］．北京：化学工业出版社，2011.

[22] 马涛．煎炸食品生产工艺与配方 ［M］．北京：化学工业出版社，2011.

[23] 傅晓如．米制品加工工艺与配方 ［M］．北京：化学工业出版社，2008.

[24] 左龙详．美味寿司自己做 ［M］．北京：中国轻工业出版社，2010.

[25] 王森．寿司制作入门 ［M］．北京：中国轻工业出版社，2009.